中国国家地理 博物
CHINESE NATIONAL GEOGRAPHY

丛书主编　许秋汉　　本册主编　刘莹

天知道答案

北京联合出版公司
Beijing United Publishing Co.,Ltd.

目录

气象初体验

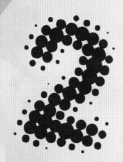

看云识天气

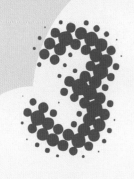

见识变化多端的水

欣赏光与大气的表演

气象初体验

千百年来，人类从未停止对天气现象的观察。在日复一日的辛勤劳作中，我们的祖先根据日月、风云、雨雪的变化规律，总结了数不清的气象谚语，发明了用于气象观测的仪器，并用积累的经验来指导日常的生产、生活。现在，让我们与气象来个"第一次亲密接触"，初步体会大自然万物变迁、时光流转的魅力吧！

气象谚语
民间"天气晴雨表"

千百年前的中原大地，古人一边耕地，一边抬头看天，云彩被风吹得飘飘悠悠，村里的老人念叨了一句："云往西，关老爷骑马送蓑衣。"话音未落，风起云涌，不一会儿大雨便滂沱而至。

天空中的风雨云月自有其奥妙，诸如此类的气象谚语还有许多。而这些气象谚语，实际上是古人在长期的生产和生活实践中总结出来的天气预测经验。

八月十五云遮月，
正月十五雪打灯

月饼和元宵，因为两个节日的存在，得以年复一年地现身于餐桌而不会被人遗忘。但你是否知道，这两个节日其实存在着奇妙的关联。聪明的古人将这种关联凝练为一句俗语："八月十五云遮月，正月十五雪打灯。"这句农谚广为流传，意思是：如果在中秋节那天阴云遮蔽了圆月，那么来年的元宵节八成可以在下雪天赏灯。

壮观的积雨云团预示着大雨将至。这种短期的天气变化还不能准确预测，但大气却存在着奇妙的周期性规律，于是才有了"八月十五云遮月，正月十五雪打灯"的气象谚语

这听起来真是不可思议！而现在的科学解释将其归因于大气的周期性规律：如果在八月十五有冷空气侵入造成阴天，那么5个月后的正月十五也会出现冷空气活动，导致降雪的可能性大大增加。科学的解释难免显得啰唆而乏味，远不如俗语短小精练。

虽然大气的周期性规律并未得到证实，但在生活中，我们会发现很多类似的情形。比如，在适宜踏青的春天，本来计划好周末外出赏花，却赶上一场春雨夹带泥点从天而降，于是计划泡汤；到周一时，温暖的阳光重新出现，照得人酥酥的，于是再次计划周末踏青，不料又听到天气预报说，周末变天……

大气的这种周期性规律就如同音乐的节奏一般，而这"节奏"不仅存在于中秋节和元宵节之间，在其他日期间也存在，只不过人们没有意识到这种规律罢了。

有些气象台站已经通过研究大气的这种周期性规律来进行长期的天气预测，而古人则早已通过实际的观测做到了这些。

天河东西，穿上冬衣；天河南北，西瓜凉水

古人的精明之处，在于能够将天空中天体的变化与大地上的各种现象联系起来。如隐居山间的诗人，当晚上遥望天河，想起后院种的南瓜、豆角已经成熟可食，不由得发出"天河吊角兮，南瓜豆角"的赞美；又如日出而作、日落而息的普通老百姓，在经历寒来暑往、感受气温冷暖的变化中，得出"天河东西，穿上冬衣；天河南北，西瓜凉水"的结论。他们都是把看见的现象相互做了些关联，实际并不知道其中的科

学原理。然而，现在只要我们稍微了解关于天球和地球运转的知识，就能明白古人的诗与俗语中的奥秘了。

"敕勒川，阴山下，天似穹庐，笼盖四野。"我们对天穹最直观的印象就像扣在头顶的一口圆形大锅。为了方便观测日月星辰的运动，我们以地球为中心，假想出一个天球，地球自转的轨道平面与天球相交的交线就是天赤道，而与天赤道面垂直并过球心的轴为极轴，极轴与南北半天球的交点就是南天极和北天极。日月星辰便围绕着极轴在天球上留下一圈圈美妙的轨迹。

银河当空

实际上，这些星空的轨迹正是地球自转的反映。然而，地球在自转的同时也总是以 23°26′ 的倾角围绕着太阳公转，这让地球有了四季的更迭，还让我们感受到一年四季星空的变换。连我们关心的银河，也一起跟着转圈。

此外，地球的公转还产生了恒星时和太阳时的差别。我们计时使用的是"太阳时"，就是把太阳两次经过上中天之间的时间定义为一天；而"恒星时"，是指其他恒星两次经过上中天的时间。如果留心观察，不难发现一个神奇的现象：同一颗恒星，每天都会比前一天提前大约 4 分钟升起或落下。

在了解了天球的知识以及星空变换的奥秘后，我们再来看前面的那句诗和俗语。由于我们生活在中纬度地区，北极星总是斜斜地挂在北边的夜空，那么在天球上，银河围绕着北极星、平行于天赤道转圈的时候，便体现为天河时而东西，时而南北。

星星眨眼，下雨不远

出门在外的游子最关心天气的变化，谁都不想在赶路时被突来的大雨浇得如落汤鸡，也不想被一场连绵持久的雨憋在客栈中数日。夜晚，游子走出客栈，仰望夜空：月朗星稀，天气甚好；若是繁星闪烁，则要赶紧筹划早些归家。

古人由于没学过光学和大气的相关知识，只能把星星"眨眼"理解为上天的暗示。如今，对于"星星眨眼"一事早有了更为合理和科学的解释，简而言之，这归结于一种物体的运动状态——湍流。

"湍流"是什么？先来看两个常见的现象：炎炎夏日，柏油路面颇有被晒化的趋势，若顺着路面望去，车影、人影抖动不停；寒冷的冬天窝在屋里取暖，窗边暖气上方的空气如沸水喷出的热气一般翻滚。

这其实就是湍流。若是详细说来又要牵扯一堆物理知识，而简单来说，湍流其实就是各种流体（也就是液体和气体）由于局部不平衡所引发的无规则运动。地球大气层中的湍流现象非常普遍。因此，星光给我们的感觉总像是在远处打战，而那些喜欢用望远镜看月球的朋友更是在湍流严重的时候会感觉月亮表面如烧开了水一样。

既然星星眨眼的现象非常普遍，那它又是如何与天气联系起来的？这很简单，当星星如同喝了半打啤酒般摇晃得厉害的时候，说明此刻大气湍流十分强烈，这往往是由于有其他天气

古人认为，"星星眨眼"意味着天气即将发生变化

系统的侵入，导致大气扰动变强，未来几天就很可能会下雨变天。

因此，我们不妨向古人学习，仰观天象，"星星眨眨眼，出门要带伞"，尝试自己预测未来的天气状况。

和"星星眨眼，下雨不远"类似的还有"星星水汪汪，下雨有希望"，但这"水汪汪"究竟指什么？这很可能是由于卷云一类的高云侵入，或者低空湿度很大甚至出现雾的天气，使得星星明显变"大"，边缘模糊不清，不再是锐利的一个亮点，此时便离变天不远了。

一场秋雨一场寒，
十场秋雨穿上棉

云，水为之。云之变幻，无形而有形，无章而有章，化为雨，冰凉可人，一雨成秋。

"秋风秋雨愁煞人"，一场秋雨过后，伴着寒凉的秋风，满目萧然。如此景致，总会令多愁善感之人轻叹，仿佛不在秋雨的街头面对落叶表露愁容，就好像没有经历秋天一样。

然而，第一场秋雨前空气依然灼人，虽然已过立秋时节，但要到处暑过后，暑气才能渐消。正如《月令七十二候集解》曰："处，去也，暑气至此而止矣。"然而，退去暑气与高温的，其实并非落叶与哀愁，而是淅淅沥沥的雨水——正所谓"一场秋雨一场寒，十场秋雨穿上棉"。

下雨便会降温，这似乎人尽皆知。因为水的比热很大，与同质量的其他物质相比，水能够吸收更多的热量，于是，降水便会降低空气和地表的温度。

然而，除了雨水之外，云朵的降温作用也功不可没。为了方便理解，我们可以设想一下，如果白天是阳光普照，大地就能吸收足够的太阳辐射；到了夜晚，它就会如电热毯一般反过来给空气加热，称为"地面辐射"，若此时云朵遍布，便会阻碍热量的散失，如同盖了一层薄棉被，称为"大气逆辐射"。

当下雨时，云层必然要达到一定的厚度，这个厚厚的"遮阳伞"能够有效地阻挡阳光，从而使到达地表的太阳辐射减少，地表变成了不热的"电热毯"；而秋雨后的深夜，往往云消雾散，雨过天晴，这就如同撤走了薄棉被，热量散失强烈，温度自然就更低。

不过并非只有秋季才下雨，但为何只听说"一场秋雨一场寒，十场秋雨穿上棉"，却没人把"秋雨"换成"春雨"来说呢？

这主要归因于日照和冷空气的作用。因为随着秋天的

秋天，草木不再像夏天那样繁盛，但另有一种别样的美

来临，日照会逐渐减少，而西伯利亚冷高压势力逐渐增强，冷空气一次次侵袭我国，当与潮湿暖空气相遇，便带来一次次的秋雨。交锋之后，冷高压的阵线向前推进，暖湿空气节节败退，我们所处的位置，便一次次经历冷空气侵袭，加之日照减少，不足以补偿热量，于是秋雨后便一步步进入冬季。

高空奇观
飞机上的视觉盛宴

倘若你坐上飞机，不论是听音乐、玩游戏打发时光，还是在马达声中昏昏睡去，你都正在错过一场华丽的高空视觉盛宴：透过飞机的舷窗，机翼下的云朵将以另外一种角度展现身姿，还有可能看到众多奇特的光学现象。这些景观可是包含在飞机票里的，不看实在可惜，让我们一起睁大眼睛尽情欣赏吧！

淡积云：棉花朵朵

　　飞上高空，有时我们会看到天空中的云如朵朵棉花一般。想必你八成会脱口而出"这是棉花云"！不过，科学家把它们称为"淡积云"。

　　淡积云形似棉花自有其道理，它朵朵分离的样子，依靠的是上升和下降的气流"修理"而成。夏日午后，广袤平坦的草原上空会出现这样的"棉花海"，是因为此时的对流相对较为活跃，混乱的高空气流把成片的云剥离了。

如棉朵般的淡积云

　　而在山地区域，地形的起伏也会使其上的气流产生差异。一团潮湿空气上升，遇冷便冷凝成云，倘若这团空气下降，则形成晴空。于是，云区和晴空区相间，从高空俯瞰地面，便能看到云影斑驳的景象。虽然我们在高空看到这些如柳絮棉桃般的小块积云几乎联结成片，但实际上它们的间隙可达几千米。

云之朵，山为之

在地面抬头看天上的各种云朵，虽然能分辨出形状和花纹的不同，但看不出它们的高度，而当我们坐在飞机上时便可一目了然。常见的云按云底的高度，被分为三个族：淡积云、积雨云属于低云族，高积云属于中云族，卷云属于高云族。而飞机一般飞在高积云之上、卷云之下。

大地在起伏，它上面的气流也会相应波动，这被称为"地形波"。当飞机飞到山地时，常会受到气流的干扰而饱受颠簸之苦。而顺着地形波的趋势，向上的波峰形成云，向下的波谷则不形成云。

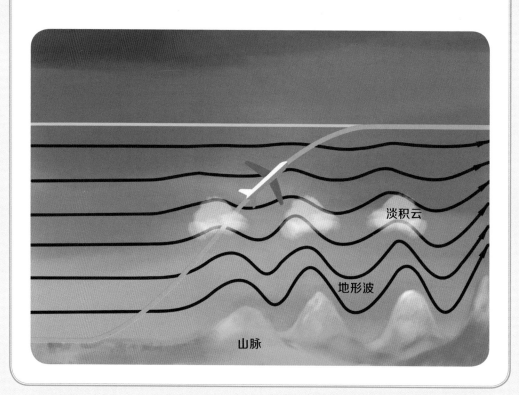

淡积云

地形波

山脉

积雨云——高空城堡

穿行在"棉花海"之中，你偶尔会看到一个大大的"花椰菜"在云海中"傲然挺立"。若看过宫崎骏的《天空之城》，你的脑海中是否会浮现出熟悉的画面——传说中飘浮在天空中的城堡。这就是积雨云，它其实并非只存在于我们的想象之中。

当我们飞行在布满小块积云的山地，那些偶尔看到的如"云塔"般巍峨耸立或是如蘑菇一般的积雨云，其实是由普通积云经过活跃的对流运动发展而来的。

壮观的积雨云犹如高空城堡

想象一个夏季的炎热午后，大气对流不断加强，天边升起一个个云柱，它们恣意地向上生长。当云柱产生"蘑菇伞"或是花椰菜般的模样，那便是对流最活跃的时候。此时，云的下方便大雨滂沱。酣畅淋漓之后，云中的对流会逐渐减缓，顶端的气流开始水平流动，形成明显的砧状云顶；相应地，云下也变得小雨淅沥。

积雨云可以说是云家族中最壮观的一种，从云底到云顶的高度可达几千米，顶端呈现出平坦的砧状。由于对流较强盛，积雨云内还有可能出现闪电，所以遇到积雨云时，飞机还是绕道为妙。

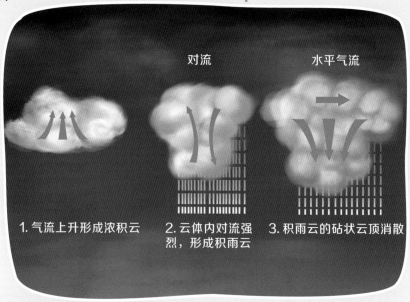

对流　　　　　水平气流

1. 气流上升形成浓积云
2. 云体内对流强烈，形成积雨云
3. 积雨云的砧状云顶消散

积雨云的"蘑菇"生长理论

高积云和卷积云：云朵排排队

在地面上，我们有时会看见漫天的云彩自动地排起队来，形成规则的鱼鳞状。这是因为在这个区域，大气的波动把云分割成一块一块。海洋上也会经常出现云彩"排队"的现象，这是因为在平坦的海面上，两块相邻对流云之间的间隔约为 2 千米，如果此时遇上侧向的强风，就会使这些对流云"排排队"，产生十分规则的云。

说到鱼鳞云，民间流传着两则截然相反的民谚：一则是"天上鱼鳞云，地上雨淋淋"；另一则是"天上鲤鱼斑，谷晒不用翻"。前者说，鱼鳞云主雨；后者说，鱼鳞云主晴。为何同样的云彩却有两种不同的预示？

实际上，人们说的鱼鳞云主要有两类，一类小而碎，是卷积云，民间常称为"细鱼鳞"；另一类稍大些，是高积云，相应地称为"粗鱼鳞"或"鲤鱼斑"。因为卷积云常常是冷空气的先遣部队，会带来风雨；而高积云有时是冷空气的"尾巴"，往往预示"云过天晴"。

自动排成整齐队列的高积云

日晕：夕阳艳妆

从舷窗望去，机翼下棉花般的积云汇集成云海，机舱上游丝般的卷云连接成片，此时若恰好太阳西沉，你便可能在舷窗边看到太阳精彩的"换装表演"——漂亮而壮观的日晕。

日晕现象的产生得益于卷云或卷层云，二者都属于高云，主要由六角形冰晶构成，而太阳光透过这些规则的冰晶，会产生散射、反射等效应，最终形成日晕。

那么，从天上看到的日晕与从地面上看有什么不同？地面上看到的日晕由于常被积云遮挡而往往并不完整。但当我们乘飞机飞到将近万米的高空，将积云们踩在脚下时，便可欣赏到完整的日晕，甚至还能看到日柱等罕见的景象。

飞机上的高空日晕

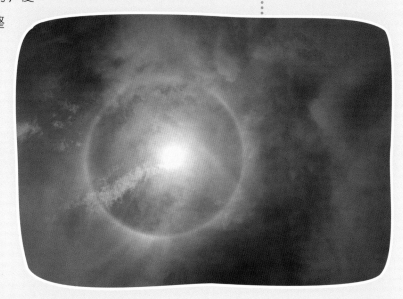

华和彩虹：身边的彩环

正当太阳在西面进行换装表演时，东面的舷窗也可能马上会有好戏上演。当西面天空的云彩散去，太阳金色的光辉照在飞机上，便会在东边的云朵上投射出一个阴影，而在这阴影周围，有可能环绕着各种彩虹般的环，仿若飞机带着"宝光"在飞行。

这种现象属于大气"华"现象，是由云中液滴的干涉及衍射形成的，它需要有西面灿烂的阳光、飞机的影子和东面多层的云。当阳光通过云中液滴发生干涉和衍射后，便形成了一圈圈的七色彩环。

　　假若此时东面的云下恰巧正在下雨，那我们还有可能看到云下的彩虹。彩虹和华都是在相似的环境下由液滴产生的光学现象，色序也都是从红到蓝，但彩虹形成只需要液滴的折射。

　　在空中，不期而遇的彩环最令人惊喜，不过它们哪些是彩虹，哪些是华？只需要记住它们的形态：彩虹的跨度很大，通常只有小半个圆；而华通常以同心圆的形态出现。

自带七色"宝光"飞行的飞机

云下不期而遇的彩虹

曙暮光：天际彩带

　　日已西沉，夜幕降临，我们的舷窗观光要结束了吗？且慢，天空进入无边黑暗之前，还会给我们奉上最后一幕华丽的演出：倘若天气晴朗，天空会呈现一天中最美丽的颜色，远方的天际线自上而下，从黑暗过渡到深紫，再过渡到深蓝、蓝绿、黄及橙红。这种现象被人们称为"曙暮光"。

　　曙暮光的形成主要得益于地球大气层不同高度的成分各不相同以及阳光通过大气的路径长短不一。

拥有斑斓色彩的曙暮光

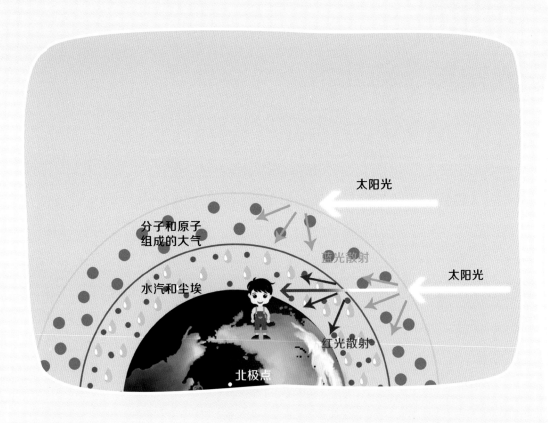

太阳光

分子和原子
组成的大气

蓝光散射

水汽和尘埃

太阳光

红光散射

北极点

曙暮光的形成原理

我们生活的低层大气主要由氧气、氮气等分子和诸如水汽、尘埃等大颗粒构成，主要散射红光；而几万米的中高层大气以原子为主，主要散射蓝紫光；到了大气的外沿，那里又以离子为主。

每当日出日落之时，在接近天顶方向，由于阳光穿过低层大气较少，路径短，天空散射的大部分蓝光可以进入我们眼中，这使得天际上方呈现蓝紫色。而越接近天际线，阳光需要穿过的低层大气层数就越多，路程也更漫长。在这个过程中，蓝紫光被大气过滤，剩下的橙红色光被低层大气散射，因此在接近地平线的区域总是红彤彤的。

时光流转
太阳影子的艺术

在钟表诞生之前，人们是如何记录时间的？神奇的是，世界各地的人们都不约而同地使用一种叫作日晷的仪器。如今，日晷虽已不再常用，但它并没有消失，反而花样翻新，不但延续了观测时间和天象的传统功能，还成为一种艺术品，诠释着投射在大地上的日影。

用阳光雕刻时间

天气晴朗时，阳光倾泻在晷表上，在其下方的晷面上拖曳出一条清晰的影子。随着时间流逝，太阳在苍穹上缓步轻移，晷表的影子也跟随着在晷面上缓行。劳作的人们，看一下影子的位置，就能读出时间。

《说文解字》中对于日晷这样解释："晷，日景也。"日景，也就是日影，意思是太阳的影子。通过测量太阳的影子来计量时间，这就是日晷的基本原理。

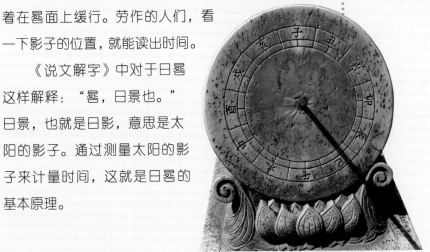

古代中国日晷

古代西方日晷

在古代，东西方文明几乎是相互独立地发展着，然而，他们却仿佛心有灵犀一般，都发明了一种有着共同原理和功用的天文计时仪器——日晷。世界上最早的日晷诞生于 6000 年前的古巴比伦王国，而中国对于日晷最早的文献记载，是《隋书·天文志》中提到的袁充于隋开皇十四年（公元 594 年）发明的短影平仪。

日月星辰的轴承——
普通赤道式日晷

　　北京故宫的太和殿前，一座日晷上的铜针日夜指向北极星。日出之时，太阳由东向西移动，投向晷面的晷针影子也慢慢由西向东移动。日落之后，铜针仿佛一个轴承，群星绕着它转动。若仔细观察这个日晷，还会发现在晷面的正反两面均有刻度。

　　种种迹象表明，这个日晷属于"赤道式日晷"，晷针指向北天极，晷面平行于地球赤道。赤道式日晷的建造，由当地的地理纬度决定。对于地球两极来讲，地平面平行于地球赤道面，所以建造的晷面也平行于地面，如同磨盘；而对于赤道地区来说，地平面垂直于地球赤道面，因而日晷的晷面也就垂直于地面而建，如同竖立着的车轮。

故宫太和殿前的赤道式日晷

浑天而生——
环式赤道日晷

浑天式日晷

中国古人对天地有着独到的见解："浑天如鸡子，天体圆如弹丸，地如鸡子中黄，孤居其内。"根据这句话可以看出，环式赤道日晷的形态仿佛人们心中的宇宙。

最早的环式赤道日晷犹如一个浑天仪，有很多环圈，代表了天空中的南北回归线环、赤道环、子午线环等，异常华丽。然而这种华丽的浑天日晷却存在一个问题：春分、秋分前后，由于环圈遮挡，无法正常读数。后来人们想到一个办法，减少其他环圈，时间线刻度直接安放在赤道环的内层表面，这种环式赤道日晷成为日晷中的佼佼者。这种日晷造型颇似抽象艺术品，倘若伫立于城市中，人们往往只知其为雕塑，而不知其为日晷。

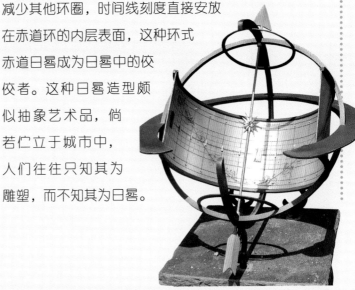

半柱式日晷

由复杂多环的浑天式日晷，发展为实用但刻度复杂的半柱式日晷，再简化为街边只负责美观而不顾计时的简单半柱式日晷，环式赤道日晷一直没有背离自己的"曲线美"。

简单半柱式日晷

杰克逊的倾斜舞步——地平式日晷

美国加利福尼亚州的沙加缅度河上有一座奇怪的桥，桥的一侧有个倾斜的巨塔，仿佛在用力拉扯着钢筋，保持桥体稳定。这个由西班牙建筑师设计的桥其实是一个巨型日晷，那个66米高的索塔便是它的指针。由于日晷过于庞大，无法建造更为巨大的倾斜表盘，于是干脆用平坦的大地当作表盘。这种"偷懒"的设计，被称为地平式日晷。

相比赤道式来说，地平式日晷更为常见，且应用比较广泛。典型的地平式日晷，晷面由一块水平的方板构成。晷面上有一块南北方向放置的板，通常呈三角形，垂直于晷面，从而保证晷针严格指向北天极，且晷针和晷面的交角等于当地纬度。有了这几点，就能够保证日晷测时的准确性。

形形色色的地平式日晷

世界上巨大的日晷几乎都是地平式的，其中包括印度古天文台的巨型日晷（左上图）、位于澳大利亚辛格尔顿市的南半球最大的日晷（右上图），以及位于英国萨顿的欧洲最大的日晷（下图）。

墙上的斑影——垂直式日晷

　　并不是所有的日晷都安分地躺在地上，有些日晷喜欢在墙上扎根。在欧洲的很多地方，只要看见华丽的古建筑物，在它们的墙上细细寻找，就很有可能找到日晷。这种日晷被称为垂直式日晷，共分为三种类型，分别是"垂直正向南日晷""垂直正向北日晷"和"垂直正向东和西日晷"。

　　墙上的日晷虽然别致而且节省空间，但并不很实用。比如垂直正向南日晷刻度盘面朝向正南且垂直地面，只适合在中纬度地区使用。如果到了高纬度地区，影子就变得非常短，倘若在赤道地区，就会有将近半年看不到日影！相比之下，垂直正向东和向西日晷的刻度盘面朝向正东或正西且垂直地面，与其说是日晷还不如说是装饰——无论怎样，这个日晷最多只能使用半天。

印度斋浦尔天文台中最显眼的建筑便是这个巨大而复杂的日晷，可以说这个古代天文台就是依托这个日晷而建的

日晷也是艺术品

墙上的日晷与其说是计时工具，不如说是艺术品。它们的晷针形态类似，但盘面上往往花里胡哨。左上图中的日晷，其盘面是一幅油画，而有的日晷更加专注于科学，将太阳的详细位置一一刻画（如右上图中英国剑桥的日晷），当然也有简单的，比如下图的日晷，正如一个放大的手表。

 看云识天气

空中的云朵形状变化莫测，有的像鱼鳞，有的像飞碟，有的像钩子，有的像葡萄……它们不仅让人浮想联翩，同时还能反映未来几天的阴晴风雨，是名副其实的"气象预报员"！云朵千奇百怪的"造型"到底是如何形成的？它们又分别预示着怎样的天气变化？在本章中，我们一起来解读云的奥秘！

鱼鳞云
天空"水族馆"

中国各地都有不少关于鱼鳞云的顺口溜，而且大多和气象相关。例如，"云势若鱼鳞，来日风不轻""天上鲤鱼斑，晒谷不用翻"，等等。这些谚语说得花里胡哨，其实无非在说：天上出现鱼鳞般的云彩，要么刮风下雨，要么天就一直晴好下去。同为鱼鳞云，为何却预示着两种截然相反的天气？

一种云，两种天

所谓鱼鳞云，指的是许多云块如同鱼鳞一样一片片排布在天上，但并没有具体说每片鱼鳞的长相。我们姑且拿泥鳅和鲤鱼打个比方。同为鱼，鳞的大小形状却相去甚远，前者鳞细，后者鳞粗。天上的鱼鳞云也如此。

若云块如同白色细鱼鳞状，气象学上称之为"卷积云"。大范围的卷积云出现，多预示着风雨天，这种是正宗的鱼鳞云。若云块很像是大块儿的鱼鳞，规则地排列在天空中，如同粗大的鱼鳞斑或者瓦片，这便是另一种云，叫作"高积云"。为了和细细

高积云平时看起来非常洁白，会形成各种各样的形状。但在黄昏时，由于阳光入射角度变低，它迅速变为灰黑色

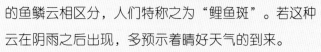

的鱼鳞云相区分，人们特称之为"鲤鱼斑"。若这种云在阴雨之后出现，多预示着晴好天气的到来。

除了"鱼鳞"大小，云的高低也是区分这两种云的主要办法，但这仅限于对云彩非常熟悉的人才能办到。对于大多数人来说，抬头看到天上的云，几乎感觉不到高度的差别。倘若能在飞机上观察，那自然再

好不过。国内的短途客机飞行高度在 6000 米上下，卷积云的高度在 8000 米上下，而高积云的高度为 5000 米以下，也就是说，短途飞机经常飞在高积云和卷积云之间，在飞机上抬头看到的"鱼鳞"便是卷积云，低头看到的当然就是高积云了。

卷积云的云层很薄，以至于有时候云的颜色看起来不是白色，而是淡蓝色，甚至是透明的。清晨或者傍晚，卷积云块底部通常会泛金黄色

冷锋鱼鳞细，暖高压鱼鳞粗

　　我们最熟悉的云彩，如同大朵棉絮，在天气预报中，它们的标志像面包。相比之下，鱼鳞云绝对属于云族中长相惊世骇俗的那种。然而云的形状是取决于大气条件的，形成鱼鳞云时，高空究竟发生了什么？

　　细鱼鳞是预示着刮风下雨的卷积云，这种云形成的原因有很多，比如高空不稳定大气层中出现对流就会形成卷积云。如果有冷锋到来，最先侵入的也是卷积云，风雨随后就到。"鱼鳞天，不雨也风颠"说的就是这种情况。通常鱼鳞天的出现到天气转坏，用不了三天的时间，也就是谚语所说的"鱼鳞天，不过三"。

粗鱼鳞或者瓦块云的出现，往往是稳定高压控制的结果，天气不会发生快速变化，持续晴好。俗话说"瓦片云，晒死人""天上鱼鳞斑，晒谷不用翻""瓦块鱼鳞珍珠云，太阳热得晒死人"，指的都是这种云。

细鱼鳞：风雨来临的前奏

若天空中出现大面积密布的卷积云，说明有很强的扰动或者空气抬升作用，从而把空气中的水汽输送到高空大气层中。这种情况一般说明距离本地不远的地方，有强的气旋或锋面的作用。同时，卷积云的存在，说明高空大气不稳定，这种不稳定会从上至下影响中层，甚至低层的大气，使整个空气都变得不稳定。这样一来，随着时间的推移，距离本地不远的气旋或锋面靠近，加之大气不稳定，共同作用的结果就是天气转坏，风雨随之影响本地。

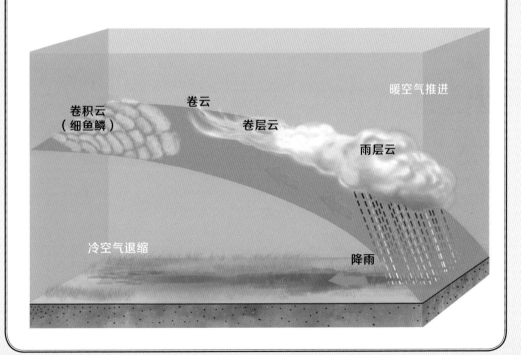

暖空气推进

卷云

卷积云
（细鱼鳞）

卷层云

雨层云

冷空气退缩

降雨

粗鱼鳞：天气晴好的标志

在高压控制下，特别是从冷高压转变为暖高压时，本地的空气稳定抬升。由于没有强烈对流，不会出现大朵的棉絮状云彩，而是大范围水汽稳定抬升，在高空冷凝形成范围很大、边界清晰的粗鱼鳞状云彩，这也预示着天气将晴好下去。云朵碎裂成鱼鳞状的样子也不奇怪，大范围物体的一致性变化经常会伴随这种规则的裂纹，比如干旱后如同龟壳的湖底、烧制出网状花纹的哥窑瓷器。

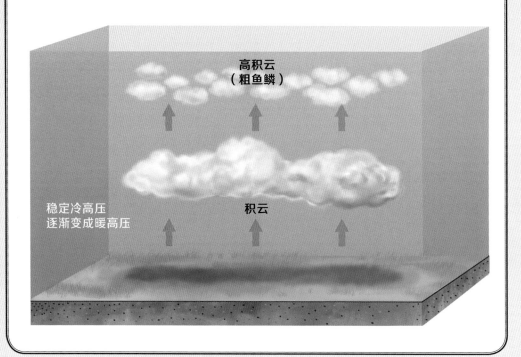

高积云
（粗鱼鳞）

稳定冷高压
逐渐变成暖高压

积云

天空水族馆，鱼鳞云也变脸

如此说来，鱼鳞云并非一种云，它其实包括卷积云和高积云中的许多种类，如果细细列举出来，或许会有点闯进水族馆的感觉。

典型的鲤鱼斑被称为"透光高积云";鲤鱼斑连接成巨大波浪状,或作三文鱼肉状,便是"波状高积云";絮状高积云也是一种"鲤鱼斑",但它的边界不如透光高积云那样清晰。

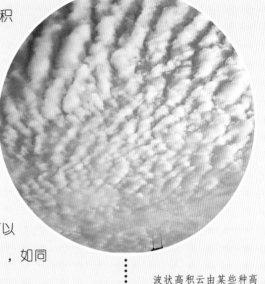

波状高积云由某些种高积云变化而来,往往反映了天上存在着波动气流

典型的细鱼鳞云称为"絮状卷积云";如果连成一片成为鱼鳞天,便是"层状卷积云";卷积云可以变化成水波状,便是"波状卷积云",如同鲭鱼的花纹,也叫"鲭鱼天"。

最后这种说法源自热衷航海业的英国。在英国,这种现象被称为"鲭鱼花纹天",由此可以看出英国人对于这类奇怪云彩的遐想。说来说去,这些云都与水产脱离不了关系。

絮状高积云

不过有一个例外。由于卷积云的"鳞片"很小,细碎之处好像羊身上的卷毛。这些云成行或成群地整齐排列之后有如羊群——在喜欢饲养牛羊的法国人眼中,这种云便成了一群小羊羔,他们把它叫作"羊羔云"。

因此，卷积云和高积云会变成各式各样的鱼鳞，很多时候很难区分它们。我们坐上飞机时，能从云的高度来辨别；在地面上，则可以通过云跑得快慢来判断。倘若清晨或者傍晚，则可以通过云色来辨别。当然，如果看多了的话，便可以一下通过"鱼鳞"的形状来判断了。

风吹水面，鱼鳞云，层层不穷的山脉沙丘……这些自然现象都有一个共同的特点——简单而规则的重复。而它们背后都是"波"在作怪。我们可以将"波"理解为能量的传递，波光粼粼的水面是水在传递能量，鱼鳞云是空气在传递能量，山脉沙丘是大地在传递能量。

右图：羊羔云

下图：鱼鳞云实际上是空气通过"波"传递能量的表现

荚状云
天降飞碟

很多人都期盼着能够亲眼目睹飞碟，于是没事儿就仰天等着天外来客的到来。其中一些幸运儿，就真的拍到了"飞碟"，并在网络上疯传。它们的样子和科幻电影《第三类接触》中的飞碟极其类似。可惜这不是外星人的造访，而是一种罕见的天气现象。

山造 "飞碟"

飞碟的真相往往会让人们倍感失望——这个 "飞碟" 的真实身份只是一朵云，一朵被称为 "荚状云" 的特殊云彩。倘若亲眼看到此云，就会理解那些 UFO 迷们为何认为这是外星人的飞船。即便在被告知这只是一团气体云后，还有人坚信在这团云彩之中，可能有智能生命在操纵，外星人就藏在那朵云彩里面。

荚状云在平坦的地区很少能见到，它更容易出现在高海拔山区：风（也就是一股气流）前

孤立、完美的圆锥形山峰上的荚状云

行时，途中遇到一座山，于是气流被抬升，从山的一边爬升上去，越过山顶之后，气流又沿着山的另一面向下走。然而这时由于山的阻碍，大气出现了波动，于是云最终变成了中间厚边缘薄的样子，颇似豌豆荚，于是被称为 "荚状云"。

山的形状不同，"飞碟云"也会随时变形。当大气层遇到孤立而又呈现完美圆锥形的火山山峰时，就会产生很规律的波动，荚状云的形状也会规则起来。于是我们看到这种山峰周围的"飞碟云"好像很多层盘子堆在一起。

云体的形状决定于山脉让大气产生波动的程度，山峰越陡直，波动也相对剧烈，会形成立体层次非常多的飞碟云。如果遇到平缓的山丘，云会怎么变？此时的荚状云会变成温柔的汉堡包，云体又大又厚。

平缓山丘的荚状云

多样的"飞碟"预示天气

左图：山峰比较独立时，形成的荚状云也往往是独立的，并且呈现出椭圆形。也有的时候形成的形态好像一叠盘子，只是中部的盘子直径最大，上部和下部的盘子反而小些

根据高低不同，荚状云分为"荚状卷积云""荚状高积云""荚状层积云"三种，它们堆叠起来便呈现飞碟状。其实，我们要看这种怪云不必远渡重洋跑到英国去，找个有山的地方，然后等着"人品爆发"就可以了。

由于山里总是有风，荚状云的形状也因而发生持续性的变化。不过，云的位置基本不怎么改变，它出现的地方正是气流凝结的位置所在。美丽且规则的荚状高积云，说明空气流动正常平稳。也就是说，若没有伴随其他云系一起出现，独立的荚状高积云往往是晴天的标志。

当气流遇到的不是一座山峰，而是一条山脉时，可能会同时出现一连串的荚状云，它们呈现出连续的波状。这种云系预示着气流的大幅度变动，并产生大量的水汽凝结，从而促成降水。

如果足够细心，其实可以经常看到荚状云。但看到那些层次鲜明的荚状云，除了运气，还要注意观看的时间。日落时，云块受到阳光的照射，会由灰色、黄色转为火红色、白色。这时看到的"飞碟"极富立体感，而且很可能出现更多亮丽的颜色，为"飞碟云"添了几分神秘色彩。

右图：日落时的荚状云

下图：独立的荚状云往往是晴天的标志

钩卷云
挂在蓝天的钩子

晴朗的天空中，突然冒出一群奇怪的云彩：一端如钩，一端如丝线，整齐排列在一起。这种被现代人称为"钩卷云"的云彩确实不多见。怪云必有怪云形成的道理，倘若可以剖析一下它形成的过程，我们便可知这种"异象"究竟预示着什么。

《风涛歌》与海波云

几百年前的某一天，海岸边的舰队正在巡逻，舰船大小相错，排列井然有序。在一艘庞大的福船之上，一位将领望着天边涌起的云彩发呆——要说这云彩真有几分怪异，仿佛绢丝一样从海平线那边喷薄而出，一束一束冲过来，跑不多远，又仿佛遇到什么阻碍，绢丝云的头部弯弯地卷上去，成为一个弯钩，似乎不想继续前行。这位将领凝眉望了一会儿，吩咐手下官兵："海波云起，传我命令，战船全部驶入港湾，落锚躲避风雨！"几位部下听罢一边遵令而行，一边嘴里念叨着："'海波云起，谓之风潮！名曰飓风，大雨相交！'快走快走，台风来了！"

海边天气晴好时，可以见到很远处飘来的云。由于远景效应，经常可以看到云好像从一点发散而来。倘若发散过来的是钩卷云，那么很可能要变天了

这位将军正是戚继光，为了保护海岸线，他必须要组织起一个训练有素的水师。让官兵们通晓天候，也是他的计划之一。为此他煞费苦心，把云现象与天气的关系编成顺口溜，命令手下官兵没事儿就背诵。刚才那几个士兵念叨的话，就是他写的《风涛歌》中的一段。里面提到的预示着台风的海波云，是一种特殊的卷云，它出现在海边时常预示着坏天气。

卷云家族

什么是卷云？如果在太阳还没有爬出地平线的清晨，你能鼓足勇气离开舒服的被窝，便有可能看到卷云化身为金色的丝缕挂在天上。

卷云是云中的一大类，它与我们常见的那种棉花状的积云不一样。积云位于离地面几百米到2000米的高度，而卷云则高高在上，几乎达到万米高度，因此温度非常低。低空云由小水滴组成，上升到了高空后便冷凝成冰，成为冰晶卷云。

内涵决定了外表，冰晶卷云的形

太阳初升或者落下之前，满天的云彩都变成灰黑色，只有钩卷云还有一丝金黄。一方面因为它所在的位置很高，另一方面由于云体很薄，透过的光辉容易给云体染色

态也与小水滴组成的云不同。形如其名，卷云总是呈丝丝缕缕状，轮廓朦胧，云体薄而透亮，没有暗影。

由于卷云"生长"在高空，在高空强气流的带动下丰富多变，有的像发丝，有的像羽毛，还有的像鱼刺。而现代人因为它的形状像钩子，将其称为"钩卷云"。

右图：由冰晶组成的钩卷云给人以丝丝缕缕、缥缈飘逸的感觉

钩子的秘密

"高空上的钩卷云，淡淡的，任风撕薄扯长，终于消失了。钩挂不着蓝天、地下，也永远没有投影。"当代诗人曾经专门写过一首关于钩卷云的诗，其中明确描述了钩卷云的样子：长长的丝缕，一端如同钩子或者逗号，而且钩卷云出现的时候天空依然湛蓝，地上也不会出现云影。

钩卷云那种丝丝缕缕的样子与其他卷云种类并无差异，只是那枚"钩子"让钩卷云看起来有些特立独行。为什么云端会凭空产生钩子？卷云中的冰晶形成之后，可以在冰面过饱和的空气内长期存在甚至继续增长，此时形成的就是后来钩卷云中"钩儿"的部分。冰晶继续不

钩卷云的"钩子"有大有小，有曲有直，这主要得益于不同高度层次的风的变化，上下风向、风速差别越大，钩子的形状就越明显

断增长变沉，开始下落，不久就会遇到水平反向强烈的风，将云团吹出斜降的"尾巴"。

通俗点说，其实可以把钩卷云分成两个部分看待，一部分是钩端，是冰晶的集结地；另一部分是尾端，是被风吹走的逃逸中的冰晶。于是在我们看来，这种云整体上像个钩子。

右图：钩卷云有三种主要形状。第一种由于上下层风速差别大，长着长长的尾巴；第二种上下层风速差别小，尾巴明显下垂；第三种由于下方风速比上方风速大，钩子的方向与前两种方向相反

强风

无风

长尾钩卷云

强风

弱风

钩卷云

弱风

强风

反向钩卷云

钩钩云，雨淋淋

不管怎么说，钩卷云绝对算一种有个性的云。在人们用拉丁文给各种云彩命名时，采用了各种各样的词汇进行修饰，比如用"波状"这个词修饰高积云、卷积云、层积云等。但"钩状"这个词只能让卷云使用，因为别的云类没有像钩子一样的成员。

也因为这种特殊性，让人们自古就开始念叨这种云彩。在西方，钩卷云也被称为"马尾云"，船员们会说，"见到马尾云，帆船不能行"，意思就是马尾状的钩卷云出现后不久就会风雨交加。而在东方，这种说法也很多，比如中国北方人说"天上钩钩云，地上雨淋淋"，这是表明钩卷云通常出现在冷锋之前，如果它迅速增多并继续发展，云量增加，云层加厚，卷云转为卷积云或者卷层云，就往往预示着冷空气或高空低气压逼近，不久就将下雨了。

俗话说"南钩云，北钩雨"，只要天上钩钩云出现，就很可能变天。但究竟如何变，每个地方的地理条件不同，出现的结果也会相差很多

出现钩卷云并非一定预示风雨来临，若想利用它判断天气，还要观察钩卷云的变化。中国还有一种说法叫"钩钩云消散，晴天多干旱"，这种情况描述的是冷空气过境时会携带卷云，当冷空气影响结束，例如雨后或者冬季大风过后，常会出现天高云淡的情形。这时高空低气压离开本地，钩卷云逐渐消散，预示着未来会是晴天少雨的天气。

"钩子"急先锋

当冷锋袭来，处于高空的钩卷云常常充当急先锋。在它的率领下，卷层云、高层云、高积云随之而来，最后带有充沛水汽的雨层云或者积雨云来了，于是便会出现降水或者刮风的天气。

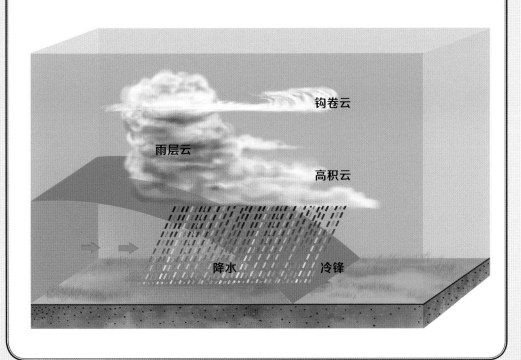

钩卷云

雨层云

高积云

降水　　冷锋

悬球云
天上的葡萄串

夏天的雷雨季也是赏云的好时期，说不定什么时候，一堆小球般的云彩就会挂在头顶，不一会儿又消失得无影无踪。这些被称作"悬球云"的云彩是一种非常罕见的天气现象，有人认为它是天赐的尤物，也有人认为它能预知风雨。

卢卡斯是个自然控

一位名叫卢卡斯的画家，是悬球云形象最早的记录者。卢卡斯年轻的时候也算得上是一位时髦的画家，1501 年，他刚刚接受完传统的绘画教育，便只身前往维也纳学习新东西——多瑙河派绘画。所谓多瑙河派，实际上是一种崇尚纯自然风光的绘画流派。受到多瑙河派的影响，他的宗教题材作品中开始多了些自然元素。在 1503 年所作的一幅名为《刑罚》的画作中，卢卡斯或是一时兴起，在基督受难的十字架后面，添上了一大团诡异的云彩。

这云彩色泽浓黑，形状为一群光滑的小球，如同一串葡萄挂于天空。对此很多人表示不解：云彩怎

卢卡斯的名作《刑罚》之中，黑色的球状云从远处压来，烘托了画面沉重的气氛，也预示着一场暴雨的来临

么会长成圆球？直到几百年后，气象学家才帮他打了圆场，原来画面中所描绘的，是一种叫作"悬球云"的特殊云彩，经常在暴风雨来临前出现。在原画中，卢卡斯正是用这种特殊的云彩来烘托暴雨将至的情景，而这张画作也成了悬球云最早的图像记录。

天上长出牛奶球

悬球云是一种很罕见的云，它们"生长"在一些大块云的底部。人们平常见到的团块状的云彩，大多是边缘参差不齐、形状不甚规则的，而悬球云边界光滑，拥有牛奶般丝滑的表面。典型的悬球云呈规则的

右图：悬球状积雨云

不同的云下不同的"蛋"

大多数时候，悬球云都出现在积雨云的下部，称为悬球状积雨云。除此之外，它们有时也会出现在其他类型的云彩底部。一般来说，悬球小而能透过云层看见蓝天的，多为悬球状高积云（下图），一般不会下雨；悬球大而乌黑的，多为悬球状积雨云或雨层云（右图），往往是降雨的征兆。

圆球或者扁球状、椭球状，总之离不开"球"。

　　不过由于高空的气流变化多端，根据所依附的云彩种类不同，悬球云也会各具姿态。比如在浓厚的积雨云下端悬挂的悬球云，会一直向下延展，仿佛一个袋子，而悬挂在薄薄高积云下端的悬球云会有些透明，以至于透过悬球云块可以看到蓝天。

天赐的大奖

2018 年 6 月 11 日傍晚 8 点，在北京亦庄的小区中，有摄影师幸运地拍到了悬球云

　　没有人能够真正"等"到悬球云出现，几乎所有悬球云出现时都没有征兆。悬球云圆球状外形持续的时间也很短，大约 10 分钟。对于喜欢观赏云彩的人

来说，悬球云是"上天赠予的额外礼物"。在通常情况下，悬球云是等不来的，能看见云下挂着小球完全靠运气。如果在黄昏时分，看到满天的小球被霞光染成金色，宛如香草口味的冰激凌球——那是上天在奖赏没事儿喜欢抬头望天的人。

悬球云，雷雨不停

中国民谚"悬球云，雷雨不停"，特指依附于积雨云底的云球。这种悬球云立体感非常强，犹如天上挂满葡萄。出现此种景象说明天空气流下沉，不久之后即将会有猛烈的雷雨大风。

这是由于在积雨云中，云层内部气流发生强烈的上升和下沉，从而形成圆球形下垂的云体。如此激烈的运动，使得云内的小水滴迅速结成大水滴，最终降落到地面上来。尤其在夏季，阴沉的积雨云底部出现悬球云，通常是雷雨的征兆。相反，如果悬球云不是黑葡萄，而是那种间隙中能看到蓝天的白泡泡，就意味着是不下雨的晴天。

在广阔的平原上，如果看见黑云带着一堆小球飘过来，那么一场疾风暴雨就不远了

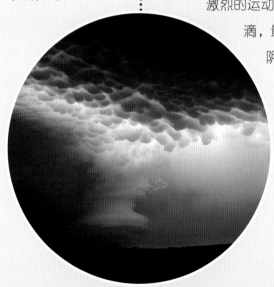

见识变化多端的水

天地之间，水就像一个随心所欲的精灵，在气、液、固三态之间不停地改变着模样。它时而变成看不见、摸不着的水蒸气，时而凝结成晶莹剔透的露珠，时而化身千姿百态、冰清玉洁的雪花……但有时候，水的这些变化也给人类的生活带来了困扰。现在，让我们化身水分子，在自然界开始一场奇妙的旅程吧！

雪花
千姿百态的冰晶

如果将雪花放大来看，你会发现，每一片雪花都像一件精致的工艺品。它们形态各异，美得令人惊叹。千姿百态的雪花是怎样形成的？其实，天上有什么样的云，就会飘下什么样的雪花。于是雪花就像从云端寄来的明信片，上面写满了天空的故事。

令人着迷的雪花

如果将每一片雪花放大来看，相信人人都会惊叹它们的美丽。虽然这些雪花大都是六角形，但它们之间每一种精妙的差异都会令人着迷。雪花千姿百态，然而伫立雪中，仰头望天，我们看到的却无一例外地只是密布的阴云。其实，看似一成不变的云也是姿态万千的，并且变化多端。因为每一片不同的雪花，都来自一朵不同的云，或者在云中有着不同的经历。

美丽的雪花就像云之信使，它们的形态诉说着云的差异。因为在不同温度和风力下，水的结晶明显不同。而越高的云，温度往往越低。于是只要从雪花的形态和花纹，就可以判断出天上云彩的高低组成，以及雪花在云中的游历过程。肥硕的云，常会降下大个子的雪花；高空冷而薄的云，落下的都是六棱柱样式的细小冰晶雪花；如果低空温度稍高的薄云，落下的雪花便如六瓣的花朵遍地开放。

雪花的样式千变万化，而其中最典型的是星状、六边形和扇形的雪花，下面就让我们来了解这些漂亮雪花的样式和形成过程吧！

形态各异的雪花

镶嵌蕾丝边的星状雪花

这种头部打了"蝴蝶结"的星状雪花颇具古典宫廷风格，每个侧枝的边缘如同镶嵌了蕾丝花边。这片雪花最初来自中间的云层，在下落之前，被气流"托入"更高的区域内进行"镶边工艺"，然后飘然而落。

右页图展示了星状雪花是如何形成的。大多数星状雪花都有着类似的经历，如果这片云比较薄，雪花在−16℃～−12℃的区域刚形成不久就落下，便成为了干净利落的星状；如果云稍微厚一点，雪花就有时间在里面打滚生长，便成了带有枝丫的"星星"；倘若被托入−25℃～−16℃的"驼峰"中，便会在顶端镶嵌上"装饰物"。

（℃）
-50
-25
-16
-12
-8
-5
-3
0

星状雪花的形成过程

纪念章般的六边形雪花

这种简单的六边形雪花来自于较高的云层。在这个云层中，小六角冰晶逐渐长大，快要下落时飘进了较低的云层。

右页图展示了六边形雪花是如何形成的。六边形的片状雪花的出生地在 −25℃ ～ −16℃ 的云层。如果想知道云层的薄厚，看看雪花的大小就知道：

最开始出现的雪花个头不到 1 毫米，如果来自更高的地方，则会形成"空心"雪花，雪花中间雕刻的花纹，就是它生长的痕迹。当它们生长完毕，下落到稍低的云层时，还会被安装上"把柄"。

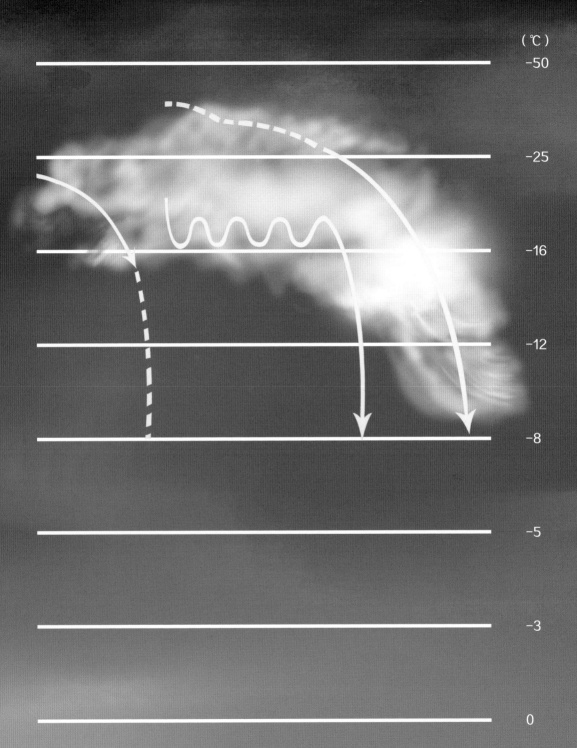

（℃）

-50

-25

-16

-12

-8

-5

-3

0

六边形雪花的形成过程

早樱般的扇形雪花

在众多类型的雪花中，扇形雪花和真实的花朵最为相似，这种雪花拥有宽阔的"花瓣"，而这些花瓣来自于云层中温度较高、高度较低的区域。如果在这个区域内持续上下翻动，雪花的"花瓣"就会慢慢长大。

右页图是扇形雪花的形成过程。早樱般的扇形雪花拥有各种各样的"花芯"，这些"花芯"来自于更高、更冷的区域，它们的大小表明了上层云的环境。"花芯"越大，在上层云中停留的时间越长；而"花瓣"越大，在下层云中停留的时间越长。如果雪花在下落时遇到很冷的雾气，就会在花瓣上凝结成"冰露珠"。

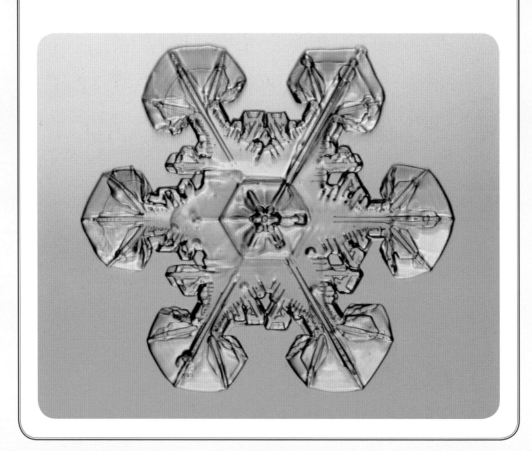

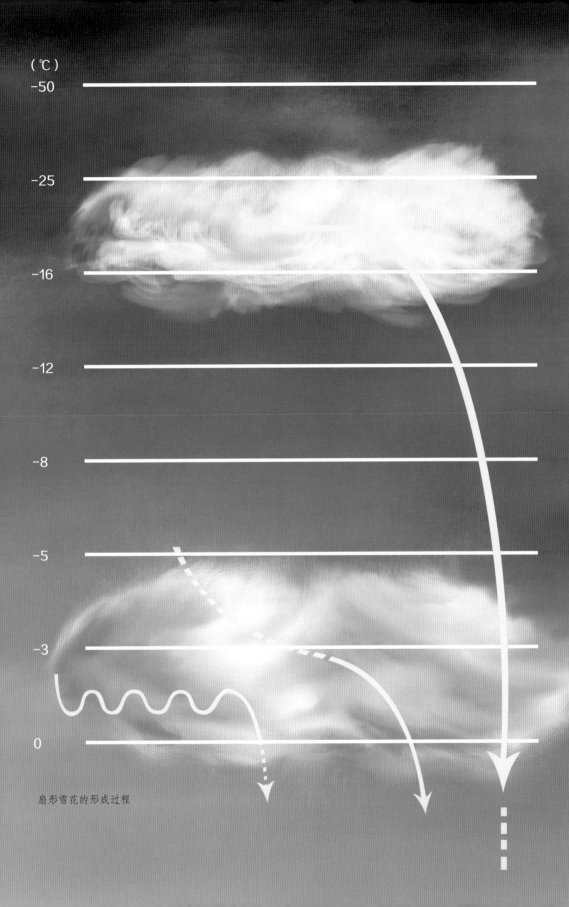

（℃）

−50

−25

−16

−12

−8

−5

−3

0

扇形雪花的形成过程

露与霜
"有色有味"的水滴

初秋之晨，落叶上布满了露水；深秋之晨，大地上凝华着一片白霜。霜和露可以算得上是秋天最富有诗意的景致之一。你是否细心观察过阳光照射在露水上的颜色？是否因好奇尝过霜的滋味？其实，露和霜比我们心目中的形象更加神奇。

露和霜的时节

　　秋天是一年中最丰富浪漫的季节，日历上用种种漂亮的语言描述着秋天的细腻：露水、秋分、寒露、霜降。秋分便是秋意最浓之时，而秋分前后，便是露和霜的时节。白露的意思是"露凝而白"，白露开始就表明晚上的露水比较多，天气已经转凉了。这个时候，华南经常会有秋雨出现，一般还是连绵的阴雨天气。而寒露则是"露气寒冷"，"将凝结为霜"后便是霜降。

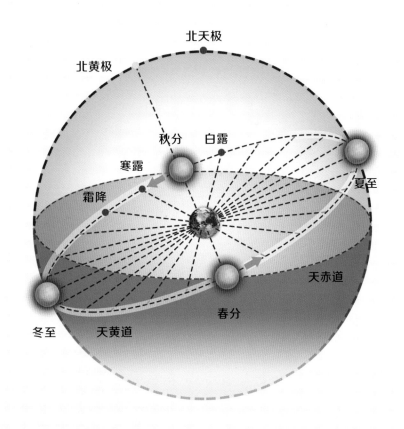

以地球为中心，太阳在天球上一年中的运动路线叫作"黄道"。春分是黄道经度零度的位置，依次类推，白露位于黄经 165 度，寒露位于黄经 195 度，霜降则位于黄经 210 度。太阳运行到哪个位置，就对应哪个节气

露：秋天的颜色

习惯早起的人们对露和霜肯定不陌生，清晨，我们在草地上、花瓣上都可以见到它们的踪迹。大梦初醒，便见到草丛中霜露正浓，待到日出之后，它们便迅速隐退，因此留恋枕头的人永远看不到布满霜露的清晨画卷。

露来自何处？雨水来自天上的云，露水就来自我们身边的空气。当太阳落山后，地面温度开始逐渐下降，此时一个气象学参数开始发威——"露点温度"，也就是空气中的水凝结成露的温度。这个温度并不固定，与当时的湿度相关。如果遇到夏天的"桑拿天"，温度高、湿度大，露点温度也就高。比如气温在30℃，相对湿度100%，那露点温度也是30℃。若到干燥的冬天，露点温度便非常低，甚至低到零下。当环境温度接近"露点温度"后，大气中的水汽就开始凝结，附着在草叶上、树叶上、花瓣上。

对于体型小巧的昆虫来说，喝水是个大问题。它们当然不能端起水杯一通豪饮，只能选择湿润的泥土、沙地来汲取水分。露水就是它们最喜欢的饮料之一

露是晶莹剔透的，然而在《本草纲目》中却记载："汉武帝时，有吉云国，出吉草，食之不死。日照之，露皆五色，东方朔得玄、青、黄三色露，各盛五盒献于帝。"这可够邪乎的，露水的形成过程类似一次天然的蒸馏，本应纯净无色，这颜色从何而来？

露水颜色来路有三，其一为混浊之色，或称"丁达尔现象"。丁达尔现象是指当光线穿过悬浊液、乳浊液或者溶液时发生散射，而不同物质散射光线的光谱又不同，因此浑浊之色也多种多样。虽然露水类似天然蒸馏的过程，但凝结之时并不可能没有纤尘沾染，尘混于露水中，便让露有了颜色。

其二，露水若凝结在一些表层具有细毛、蜡质的植物上，便可在阳光下映出七彩光辉，实为光学干涉的作用，《本草纲目》中的叙述便与此类似。

最后，我们在生活中也能见到"五色露"，露水在哪里凝结，就透射出那里的色彩。露水凝于枥树落叶，便呈棕褐之色；凝于秋天黄栌，则显火红之色；

晶莹剔透的露珠

凝于草间，便或绿或黄。由此看来，露水呈五色，正是因为露本无色。

　　或许正因为露水无色且纯净，才被古人奉为圣洁之水。扬州人对烹茶之水的咸甜、甘苦、清浊和浓淡分辨得非常精细，将其等级分为：一等天水，二等泉水，三等江水，四等河水。天水分为两种，就是露水和雨雪水，可见他们对露水是多么的看中。不同茶的采集时间大都有些差异，有的要在无露之时，有的则必须在露浓之季。苏曼殊的《采茶词三十首》就有这样的诗句："晓起临妆略整容，提篮出户露正浓。小姑大妇同携手，问上松萝第几峰？"诗中的采茶时间就是露水正浓之时。

露水从空气中直接析出，因此形态非常圆润规则。透过露珠，可以看到一个别样的世界

76

甘露、美露、天酒，皆为露的美称。《射雕英雄传》里黄药师的九花玉露丸，就是采集各种露水才制成的。试想，秋晨时分，采集各种植物上的露水用来煮茶或用来饮用，品得的不仅是露味，还有秋色的绚烂。

霜：秋天的味道

老舍先生曾经埋怨过北京的天气，说北京的四季唯秋天较好，但常常闹霜冻，害得他辛辛苦苦养的花遭殃。霜冻本是一种灾害天气，大多蔬菜一旦遇到大规模的霜，就会完全冻坏。俗语道，"霜打的茄子——

霜出现时，总是喜欢先挑选叶子边缘附着，这是因为饱和水汽析出的时候，容易先在边界处析出

蔫儿了"。不光是秋天，即使在万物复苏的春天，倘若突然来了一股寒流，就会出现大量的霜，俗称"倒春寒"，这会对农作物产生极大的危害，有可能造成减产或绝产。

然而霜对有些农作物来说，作用则截然不同。一般来说，萝卜是在有霜以后才开始采收。因为霜，白萝卜变得非常脆甜。莫非霜如白糖，把萝卜腌甜了？其实在霜期之时，萝卜之类的作物正好是成熟最为彻底的时候，此时含糖量最为充沛，当然口感最佳。北方经霜的柿子，南方霜打的红苕（红薯），都是如此。

霜与露一样也可以入药，但霜的入药大多和其附着的植物相关，比如经过霜打落的柿子叶就是俗称的"霜柿叶"。另外，经过霜降的桑叶也是一种药——"霜桑叶"，它的味道亦苦亦甘，这便是人们眼中的"霜味"。空气中的水凝华为霜，甚至比露还要纯净，当然没有味道。霜只是时间的指针，看到霜，人们就想到了秋天能够品尝的味道。

左图：大地结霜，环境温度骤降，植物体内形成的大量花青素苷，让植物变成红色

霜在自然界中并不像冰雪那样常见，如同露水一样也是天生娇气的。在深秋夜晚温度降低后，另一个气象学参数便出来工作了——"霜点温度"。"霜点温度"与"露点温度"类似，也是与湿度相关，但"露点温度"通常高于"霜点温度"。当温度达到"霜点温度"时，水汽就直接凝华为固态，也就是霜。

雾与霾
藏污纳垢的"健康杀手"

近年来，我国很多地区特别是华北地区出现了严重的"雾霾天"——天昏地暗，日月无光，空气质量差到"爆表"。要命的是，它们不但覆盖范围巨大，持续时间还超长。这到底是怎么回事？"雾霾天"到底有多危险？我们应该怎么应对？

幕后黑手——"逆温层"

　　"雾霾天"的缘起，往往有自然和人为的双重因素。人为因素使空气污染愈演愈烈——以工业废气为主，汽车尾气和城市供暖也让污染程度雪上加霜，再加上特定的自然条件与之配合，产生"逆温层"，才让近年来的"雾霾"超级严重。

　　大气是厚厚的一层围在地球表面的气体。在阳光照射下，通常越接近地面的空气温度越高，这是因为地面比空气升温快，就像同时加热木头与金属，金属比木头热得快一样。所以地面先热起来，贴近地面的空气也被"焐"热了，要比高空的温度高。贴近地面的空气变热，体积膨胀，就会上升，其中包含的污染物就会被带走。

"雾霾天"是自然条件和人为因素共同作用的结果

　　而当阴天时，大部分阳光被云层挡住，无法到达地表，地面温度升不上去，这时的地面温度反而比空中低，随着高度上升，气温反而越高，这种现象就叫"逆温层"。在逆温层里，低处的空气不会上升，污染物就一直在原地积累，空气质量就会变得非常差。

　　文章开头提到的华北地区的"雾霾天"就是这样产生的。阴天的日子，逆温层就像在地面盖了一层棉被，恰巧好几天没有冷空气南下，空气既不纵向升降，也没法横向流动，其中的污染物就无法扩散，越积越多，空气质量严重恶化。直到几天以后"大风降温"，有冷空气从西伯利亚地区南下经过，污染物被带走，华北地区才重现蓝天。

是"雾"还是"霾"？

正常天气下与雾霾天的大楼。雾霾天里，不仅空气能见度差，其中的污染物对人身体健康也有很大危害

这"雾霾天"的危害到底有多大？要回答这个问题，"雾霾"就得拆开来说了。

平常我们把"灰蒙蒙"、能见度差的天气叫"雾霾天"，其实雾是雾，霾是霾，它们虽然看起来相似，但实际上是两种不同的现象。

雾是一种纯自然现象，本质与云相似。空气所含的水汽量饱和，在低温与凝结核的辅助下，凝结成微小的水滴，悬浮在空气中，就是雾。而霾是大量烟、尘等微粒悬浮在空中而形成的空气浑浊现象。这些颗粒物可能含水，也可能不含水。自然界的沙尘天气可能带来霾，但如今在大多数情况下，霾的成因主要是人为因素，多是由于人类排放污染物造成的。如今霾天的空气中，微粒的"散射波长"比较大，所以霾看起来颜色往往略微发黄。

雾和霾的区别是空气中水分含量不同，但是它们形成的气象条件相似——空气流动少。夏天热，空气对流强，发生雾和霾的概率都比较小。由于我国北方的春冬季节通常比较干旱，发生雾的概率也不大，所以华北地区冬天的"雾霾天"基本上都是"霾"。而在很多情况下，因为霾中的微粒可以充当水汽的凝结核，因此雾和霾也会同时发生，无法截然分开。

在大城市中，汽车尾气也是空气污染物的重要来源之一

雾危害vs.霾危害：小巫见大巫

雾和霾对人的危害，共同点就是能见度低，妨碍交通，除此之外必须分开讲。传统上认为，雾对健康没有好处。虽然雾只是水汽，本身无害，但雾的凝结核主要是灰尘，如果这些灰尘含有对人体有害的污染物，那么雾就变成了"毒雾"。而且一些有害物质一旦与水汽结合，毒性会变得更大，所以雾天最好不要出门锻炼。

如果说雾"还算干净"，那么霾一定是"非常脏"的。因为霾主要由空气中的污染物造成，这些污染物很多都对人体有害，所以霾的危害很大，除了引起呼吸系统疾病，还可能诱发心脏等器官出现问题，甚至致命。

工业排放是目前我国空气污染物的最主要来源

雾一般不会持续太久，随着气温上升，通常几个小时就会散去。但是如果没有气团运动，也就是俗话说的"刮大风"，霾可能持续数日不散。

要命的"PM2.5"

"雾霾天"中，被人提到最多的一个词是"PM2.5"，指的是直径小于 2.5 微米的颗粒。另外，空气检测标准中还有"PM10"，即直径在 2.5～10 微米间的颗粒。

PM10 和 PM2.5 都是空气污染的重要指标，因为这两种微粒既会影响空气的能见度，让空气看起来"雾蒙蒙"的，同时它们也都能随着呼吸进入人体。

相对来说，PM10 的微粒对人的危害还小一些，因为这个尺寸的微粒可以随痰排出体外。而直径小于2.5 微米的微粒，则会直接进入肺。这些微粒本身其实不见得对人体多么有害，可怕的是它们身上附着的有毒成分，一旦进入人体，会参与血液循环，严重危害健康。

那么 PM2.5 的微粒都有些什么？这些颗粒物在这么小的尺度下，没法简单地说成是某种东西，只能从化学成分的角度来说，主要包括硫酸盐、硝酸盐、铵盐、有机物、碳、金属离子和水等。它们的源头，有些来自尘埃、海盐、花粉，而附着在这些微粒上的有害成分——重金属离子、挥发性有机化合物等，则主要来自工业废气和汽车尾气。

常见颗粒物大小对比

1. 人类头发：直径 120 微米
2. 海盐晶体：边长 60 微米
3. 尘螨排泄物：长度 20 微米
4. 花粉颗粒：直径 15 微米

5. 神经细胞的细胞核：直径 4 微米
6. 霉菌孢子：直径 2 微米
7. 炭疽病毒：宽度 1 微米

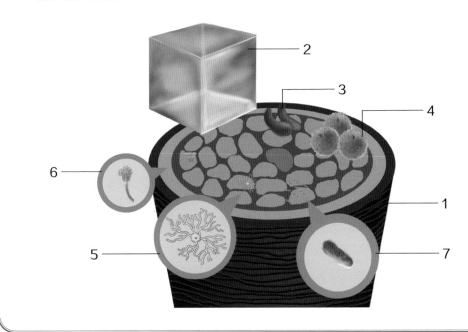

一天里的
"安全时刻" 与 "危险时分"

　　"雾霾天" 是空气污染问题的局部爆发，而空气污染在我国则是一个持续时间更长、覆盖范围更广的严酷现实，短期之内难以根治。然而人只要活着，就不能不呼吸，我们只能调整自己的生活，力所能及地将空气污染的危害降到最低。

在一天的不同时段里，空气质量是不断变化着的。我们可以把户外活动尽量安排在污染物浓度略低的时段，避免在空气"最脏"的时候活动。

即使全天没刮风、没变天，一天24小时的空气质量也是随时间波动的，其变化规律也是自然与人为因素综合作用的结果，并且冬季与夏季的"安全"和"危险"时段完全不同，通常夏季上午空气质量比较好，冬季则是下午。

不管冬天还是夏天，早晨天蒙蒙亮时，都是空气污染物累积量最多的时候，不适宜运动锻炼。如果想晨练，最好还是等到天亮以后再进行。如果已经发生了雾霾，那么最好还是留在室内，减少出门，特别是要远离繁忙的马路。

雾霾对人体健康有害，应避免在雾霾天进行户外锻炼

冬季城市空气状态

以北京为例，在冬季，污染源主要有三种：工业废气、汽车尾气和城市供暖。白天，随着太阳升起，地面气温开始升高，地表空气受热上升，会把污染物带上高空扩散出去，地面的空气质量会有一个好转的过程。通常下午2点左右地面温度最高，这时

空气上下对流最明显，污染物被带走得最多。从监测数据来看，一直到下午3点左右，是空气质量最佳的时段。

随着下午5点交通晚高峰的到来，汽车尾气增加，而空气对流作用减弱，空气质量又开始变差。加上傍晚也是供暖废气排放的高峰时期，所以天黑以后，污染物会持续积累而不能扩散，整个夜间，空气质量都处在一直变差的过程中，直到第二天天亮。

我国大部分城市地区都符合这个规律。只是南方供暖带来的污染因素比较小，乡村地区汽车尾气污染少些，所以污染程度通常略低于北方。

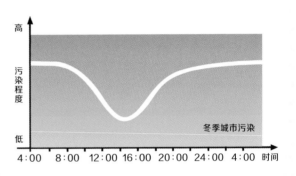

冬季城市污染程度在一天中的变化

夏季城市空气状态

夏季与冬季不同，从污染源来说，夏季缺少供暖产生的废气。但是夏季温度高，日照强烈，会引发一种叫"光化学反应"的现象，让污染物产生变化，造成二次污染。例如当紫外线强烈时，污染物中的氮氧化物、氢氧化物（原本对人体健康危害不大）会发生化学反应，形成毒性较强的新化合物，使危害增大。

所以夏季与冬季往往相反，总体上，夏季上午的空气质量会比下午好。中午时分，随着日照增强，空气质量会恶化，光化学污染也会累积，在下午 3～4 点时，污染物达到峰值。

在南方地区，由于太阳辐射更强，光化学作用要比北方强烈，造成的污染也比北方严重。特别在大城市，因汽车尾气中的氮氧化物、氢氧化物含量较高，所以"二次污染"也会更加明显。

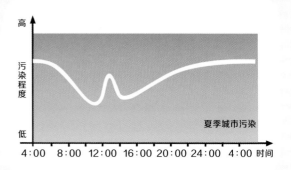

夏季城市污染程度在一天中的变化

口罩家族

从防病到防"PM2.5"，关于口罩是否有用一直存在很大争议。其实我们不能简单地说它"有用"或"无用"，因为口罩也分三六九等，不同口罩有不同功效。

普通棉口罩

普通棉口罩的最大作用其实是保暖，如果上面印有精美的图案花纹，还可以起到美观、卖萌的作用。棉口罩的作用原理是机械阻挡，因为编织物的纤维缝隙大，所以这种口罩对 PM2.5 级的微粒是完全无效的。

棉口罩

不过棉口罩也并非对健康毫无贡献，它在人的口鼻附近形成一个"又湿又热"的小环境，虽然不能完全阻挡病毒和细菌，但一些病毒在这种湿热环境中无法生存。所以，棉口罩对预防感冒之类的小病，多少有些作用。

医用口罩

医用口罩

医用口罩的防护级别比普通棉口罩要高，大多数有活性炭过滤层。活性炭可以吸附很多微粒，隔绝病毒比较有效。然而对小于 2.5 微米的微粒，防护能力则有限。医用口罩里，级别最高的是外科用口罩，它主要是为了对付病毒，对"PM5"有一定效果，但是效果并不是特别好。

N95 口罩

N95 口罩是目前市面上唯一对"PM2.5"有效的口罩。"N95"并非某个品牌，而是美国职业安全卫生研究所认证的一个标准，它的意思是能阻挡95% 的"非油性颗粒物"。对于"PM2.5"，这种口罩也能有效阻挡。但是不管任何口罩，都会对呼吸有一定的阻碍作用，所以专家们不建议长期戴口罩，提高空气质量才是最终的解决之道。

N95 口罩

欣赏光与大气的表演

太阳和月亮是地球上最重要的光源，它们发出的光在穿越大气时发生了反射、折射等现象，造就了一系列光学奇观。你信不信天上真的会有 8 个太阳？你是否见过太阳发出的绿色、紫色和蓝色光芒？"月晕而风"是不是真的？在本章中，请大家尽情欣赏光和大气联手上演的一幕幕"好戏"！

幻日

天上有几个太阳?

俗话说"天无二日",可中国上古时期就有"后羿射九日"的传说,欧洲也流传着"七日图"。说不定明天就有 10 个太阳升上天空!这并非神话,而是一类称之为"幻日"的罕见的大气发光现象。

"赫维尔七日图"与
"后羿射九日"

1661年2月20日，波兰。

这一天上午11点，太阳刚从东南方向升起不久，大名鼎鼎的赫维尔正在窗前喝早茶。赫维尔何许人也？他是丹麦人，天文学家，而且是位极其喜欢研究太阳黑子的天文学家，因此他也习惯和太阳一道起床睡觉，不像其他天文学家那样秉烛熬夜。然而此时他忽然发现，今天的阳光似乎有些诡异。凭着职业的敏感，赫维尔向窗外望了一眼。这一望不要紧，牛奶罐和水果盘被他失手打翻——窗外的天空中，升起了7个太阳！

可惜在17世纪，照相术并没有出现，赫维尔只好将他所见到的7个太阳的位置和光弧的形状描绘在一张画纸上，后人称之为"赫维尔七日图"。这张让人看起来莫名其妙的画作被收到他的一本天文学著作《天边孤独的水星》中。赫维尔不知道这种现象的由来，只能用艺术的形式画下来，并未作出解释。这种"多日并现"，其实是一种太阳和空中薄暮卷层云配合极佳的神奇大气现象，称为"幻日"。于是"赫维尔七日图"也就成

越是在冰天雪地的地方，越容易看到幻日。由于空气寒冷，天空中常有冰晶悬浮，于是常年在南北极生活的人经常可以看到满天的"太阳们"争奇斗艳，只是这些幻日中没有谁肯多施舍一点温暖

了天空"多日并现"的始祖级文献。

　　赫维尔是 17 世纪的天文学家，而在中国上古传说中，就曾有过天空多日并现的记录。在"后羿射日"的传说中，上古的天空有 10 个太阳，炙烤着地上的万物生灵。后来来了位领袖后羿，传说他的妻子就是偷吃仙丹飞上月球，成为古来登月第一人的嫦娥。后羿使用神力将 10 个太阳射落了 9 个，从此天下太平。

　　中国上古尚无文字的时期，一个传说总是反映了人们对自然的一种认知。从气象学角度看，这很可能与 17 世纪赫维尔的记录类似，也是上古时期出现的一次"多日并现"的大气光学现象。那时人们忽然看到天空中出现多个"幻日"，不由得惊恐万分。这种现象即使出现在当今社会，依然会有人觉得世界末日即将降临，而不是高高兴兴去欣赏这种漂亮的自然现象。

"10 个太阳"的另一种解释

　　对于尧时代天空有 10 个太阳的记录，也有些研究者认为这是上古天文历法的一种隐喻。在古时，中国存在着一种现今几乎"灭绝"的历法，与农历完全不一样：一年分作 10 个月，每个月 36 天，与阴阳五行相对应。《山海经》中记载，帝俊的妻子羲和生了 10 个太阳，10 只鸟停在扶桑树上轮流驮着太阳飞行，一个太阳落下，另一个太阳升起。有学者推测，《山海经》中所说的，可能就是这种"十月历法"。

天上会有几个太阳?

　　若是继续考证下去,或许还有更加夸张离奇的数字。天上最多可以出现几个"太阳",怕是没人说得清楚。这只能怪罪水这种神奇的物质,它可以制造出各种各样的冰晶,每种冰晶又有多个反射面和折射角度,如果条件极其理想,看到天上出现 10 个、20 个太阳,也并非不可能。

　　当天空漫过了薄暮卷层云,冰晶就开始借助阳光施展魔力。卷层云是一种乳白色的丝缕状薄云,由于它们的位置非常高,那里冻结着六棱柱形状的冰晶。我们

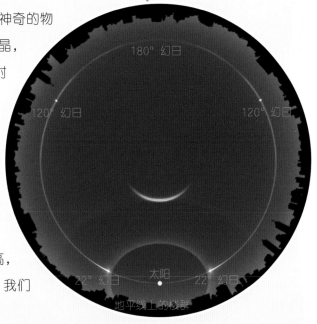

六日并出:除太阳外,空中还有两个 22° 幻日、两个 120° 幻日和一个 180° 幻日

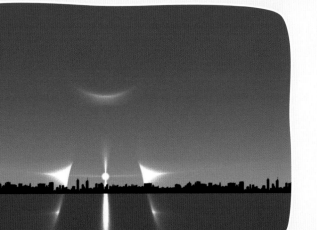

三日并出:位于地平线附近的太阳和左右两个明亮的 22° 幻日

经常可以看到太阳周围有一个"日风圈"，就是这些冰晶形成的 22° 日晕。

　　然而幻日的形成比 22° 日晕难很多，因为它依赖一种薄薄的六边形片状冰晶，而且要求这些冰晶必须垂直悬浮于空中。试想这些六边形薄片怎肯耐住寂寞而垂直悬浮不动？好在有一种钉子状或蘑菇状的冰晶，上面就是这种薄薄的六边形"帽顶"，下面是尖尖的"钉子尖"，整个冰晶如同张开菌伞的小蘑菇，可以垂直飘在空中。蘑菇冰晶丛生之时，也就是幻日并现之时。

四日并出：除了两个 22° 幻日外，太阳的下方还有一个明亮的光斑

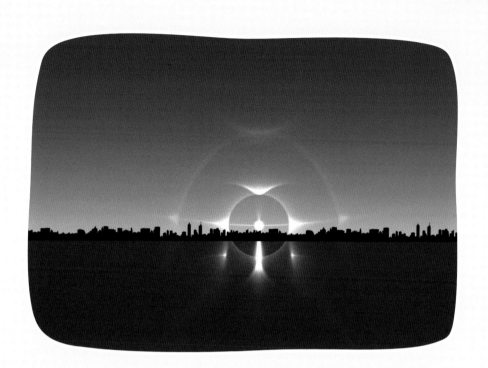

五日并出：第一层圆弧
上的两个 22° 幻日和第
二层圆弧上的两个 46°
幻日

幻日排座次

　　虽然这些出现在天空中的光斑都被称为"幻日"，
但它们的出镜率却大不相同。人气最旺的幻日是陪
伴于太阳两侧的两个 22° 近幻日，其次是稍远些的
两个 46° 近幻日。除了这 4 个幻日外，远离太阳的
120° 远幻日是轻易不露脸的，只有卷层云均匀且漫
过全天时，才有可能见上一面。而这里面最大牌的，
莫过于 180° 反幻日，当太阳在天空的一边时，它就
出现在和太阳相对的天空另一边，永远和真太阳"唱
对台戏"。

这样算来，幻日一共有 7 个，它们被一条"幻日环"串联起来，如同太阳佩戴的珍珠项链，倘若加上真正的太阳，可谓是"八日并出"。

然而这仅仅是人们在地面观看的情况，倘若飞行到空中，还有一些位于视平线下的"幻日"将一一展现。不过到目前为止，还没有哪个幸运儿在飞机上欣赏到全方位立体的"幻日大餐"，想必是条件过于苛刻。飞行员在云端记录下的一些发光 UFO 事件，其中有一部分很可能就是多种幻日集体捣乱的现象。

然而从古到今，人们记录天上出现 8 个以上太阳的时候并非一两次，这是因为除了这些人们公认的"幻日"，天空中还会出现一些光斑或者短光弧，气象学上并不以"幻日"称之。但在平常人眼中，这些稀奇的光斑，也足以和太阳媲美了。

上图：天空中最大的指环就是幻日环

右图：幻日环上的光斑或者短光弧虽然不叫幻日，却也足以和真太阳相媲美

彩虹
奇奇怪怪的圆弧

雨后的彩虹已经是难得一见的奇景，然而自然界中还有许许
多多更奇怪的彩虹，有单色的白虹、红虹，有双重的霓虹，
甚至还有三四道的彩虹"战队"，以及浑圆的彩虹圈。

彩虹和太阳雨——狐狸的婚礼

阳光灿烂之时,一场"太阳雨"不期而至,这便是狐狸出嫁的日子。狐狸们的家,就在雨后升起彩虹的尽头——这是日本导演黑泽明的《梦》中演绎的故事,太阳雨和彩虹仿佛梦境一般。然而黑泽明把我们带入梦境之时,还悄悄告诉我们一个道理:太阳雨和彩虹这两种神奇的大气现象之间,或许存在着某种联系。

在海边,上下午的阳光遇到海上的雾气,会形成很低的劣弧彩虹

彩虹本来并不是非常罕见的现象,然而在城市中,因视线被高楼大厦阻隔,或者我们根本就忘记了彩虹会挂在天边,于是彩虹也成了难得一见的奇景。

在夏天的傍晚,一场酣畅淋漓的雷雨过后,彩虹便有可能挂在天空中。此时如果你正在视野开阔的山巅或者草原上,便会看到彩虹如同一个拱门;有时候彩虹并不完整,样子便如同一条沟通天地之间的彩桥。

彩虹出现的高低并不固定,但弧度通常相同,且都出现在太阳的对面,因此观看彩虹的时候一定是

背对着太阳。彩虹的高度和太阳位置有关，太阳越高，彩虹就越低，如果太阳高过42°，那么彩虹就降到地平线以下了，所以我们几乎不可能在中午看见彩虹。

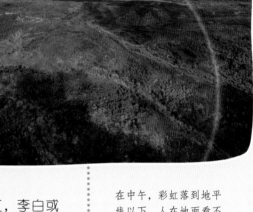

在中午，彩虹落到地平线以下，人在地面看不到。但如果你飞到高空，会看见一个圆形的巨大彩虹飘在空中

对于彩虹，李白曾作诗："安得五彩虹，驾天作长桥。"在李白看来，彩虹是驾天的长桥。而何处寻觅彩虹，李白或许并没多想。毕竟彩虹是如何形成的，这个事情并不简单。

首先弄明白彩虹形成原理的人，应该算是数学巨匠笛卡尔。其实在笛卡尔之前，有很多思想家、哲学家都提到过彩虹的成因——有光、有雨滴，就会有彩虹，但都没有提供足够令人信服的科学依据。

只有笛卡尔狠下心来做了一堆实验，最终发现，当光线在球形水滴中以一定角度和一定路线穿行之后，才分出了彩虹的七色。近代光学中，色彩被解释为不同波长的电磁波。雨滴对阳光的色散效应，只会把不同波长的电磁波连续分散开，因此彩虹的颜色是连续的，并不一定要逐个分出。李白说五色彩虹也好，笛卡尔说七色彩虹也罢，都没有问题。

白虹、红虹

虹一定要多彩吗？其实"虹"并非都有"彩"字相伴。虹特指一种弯弯的形状，比如生活中常见的"虹吸现象"中的"虹"就是这个意思。天空中的虹也并非都是七彩的，比如有一种虹就是白色的，称为"白虹"。

在海面附近，或者大雾天气，或者月光下，都有可能出现白虹，它和彩虹形态类似，区别只在于没有七彩加身，通体雪白。在古代，人们认为"白虹"的出现是大凶之象，谓之"白虹贯日"，尤其与刺杀紧密相连。比如《战国策》中记载，聂政刺杀韩傀的时

白虹

候，就出现了白虹贯日的天象，而后来《史记》中也用"白虹贯日"指代荆轲刺秦王这一事件。

红虹

实际上，白虹是由彩虹再加工来的：当彩虹的光线射过细小水滴的时候，发生衍射，射出的绿光角度会比较大，结果绿光会重合在红光和蓝光上面，就会形成一种宽阔的白色虹，即白虹。另外，在月夜也会出现白虹，被称为晚虹，由于人视觉在晚间弱光的情况下难以分辨颜色，所以晚虹看起来好像是全白色。

除了通体雪白的"白虹"，也有浑身赤红的"红虹"。当太阳落到地平线附近，阳光需要穿过很长一段大气才能到达地表。在这个过程中，蓝色的光被消磨殆尽，成为强弩之末，只有红色的光一往无前。如果此时红光遇到一团雨滴，就可能出现奇妙的红虹。

弧光战队—— 多重彩虹

天上最多可以出现几道彩虹？通常我们看到的只有一道彩虹，这道被称为"主虹"。如果运气好，就可以看到第二道彩虹，被称为"副虹"，也就是人们常说的霓。在水滴中经过一次反射的光线，便形成我们常见的主虹。经过两次反射的光线，便会产生第二道彩虹——霓。霓的颜色排列次序和主虹恰恰相反，外侧为蓝色，内侧为红色。由于每次反射折射都会损失些能量，因此霓的光亮度也较弱，然而古代形容人的衣服漂亮总是用"霓裳"，而不提什么"虹裳"，大概因为"霓"除却色彩艳丽，还有"珍贵稀少"这一层意思。

三道彩虹（反射虹）

干涉虹（附属虹）

倘若在湖边看霓虹，就有可能看到交错的三道甚至四道彩虹。湖面如同一面镜子，阳光被湖水反射回空中，再次形成彩虹，因此这两道也被称为反射虹。此外，当阳光在雨滴中穿行多次，便可形成更多的副虹，也就是霓的副虹，不过这些虹颜色很暗，肉眼难辨，倒是猫狗这些对红外线敏感的动物，或许能欣赏到更多的彩虹。

"赤橙黄绿青蓝紫"之后的颜色是什么？还是红色！因为在虹的内侧还有很多层小彩虹，这些小彩虹叫作"干涉虹"，也叫"附属虹"。

阳光灿烂的天空下起太阳雨，狐狸就要出嫁了。那彩虹的尽头，便是狐狸的家。现在我们可以很容易地解释这个梦幻的现象了：太阳雨一般是夏天傍晚小范围的短暂对流雨，云彩在头顶下雨，太阳还照样从西边斜斜地照过来。等到这片雨云移到东边，我们背对着太阳，便可看到一条彩虹挂在天际。

霓虹是怎样形成的？

当光线从一种介质穿过到达另一种介质就会发生折射，此时不同颜色的光就会分散开来。水滴就如同一个玻璃球，光线先从一边射入，到达另一边再反射回来，这一过程经过了两次"介质变化"，就形成了虹。如果再多经历一次反射，光线就会形成第二道彩虹"霓"，由于多经历一次反射，光线会削弱很多，因此我们看到的霓通常颜色较浅。

华与晕
日月的"七色妆"和"奇异服"

在前面的章节中，我们已经初步了解了自然界中的"华"和"晕"现象，它们都有着漂亮的七彩环，就像一对伴日月而生的双胞胎，常常让我们分辨不清。在这篇文章里，我们就来详细地了解一下"华"和"晕"吧!

华——日月的"七色妆"

冬日清晨的夜还没有睡醒，公共汽车的玻璃将内外分隔成暖冷两个世界。冲着玻璃哈一口气，窗外的马路、店铺、树木都模糊了，亮着两盏大灯的汽车慢慢从旁边超过去，或者从对面飞奔而来，明亮的车灯进了这片"雾区"，一下子放出七彩的光环，如同进入了仙境。

在彩云追月之时，你有没有见过月亮周围美丽的光环？登上云雾缭绕的山顶，你是否注意过自己披着佛光的影子？乘坐飞机时，可曾见过飞机影子边的彩环？这便是大气中的"华"现象，让我们去领略华之美丽吧。

"佛光"

华之古韵

紧挨着太阳或月亮周围，有时会有一圈七彩的光环，这便是"日华"或者"月华"。

风雨过后晴空净朗，一轮明月自薄云背后悄然初升。透过薄云，月光昏黄而柔媚，皓月四周，笼罩着一层七彩光环，犹如虹霓一般绚烂迷幻。北宋大才子

柳永就曾描写过如此美景："雨过月华生，冷彻鸳鸯浦。池上凭阑愁无侣。奈此个、单栖情绪。"柳永在月华中寄托他的浪漫情怀，不过他不善于解月华的奥义。

倘若询问柳永同时代的晚辈、北宋另一知名人物沈括，那么对于柳词的诠释，或许能够更加妥帖：秋雨之后，邻近十五，薄薄的云层，恰是月华出现的绝妙时机。古人会将月亮、月色称之为"月华"，因为"华"具光彩之意，又与"华盖"相通，把月亮描绘得光彩照人、富丽堂皇，实在是文人墨客的写作手法所致。然而柳永所写的"月华"，大概才是真正的月华——包裹当空皓月的红蓝彩衣。

相对于月华来说，日华出现的次数就要少得多：按理说只要云层厚度和种类合适，就会出现日华。但通常太阳的光线强烈，光辉遮掩了本该出现的日华。也难怪古人对于日华很少提及了

左图：不分季节，凡月圆之夜，只要是晴朗的夜空中飘过一片片薄云，那便可能是月华演出的序幕。当薄薄的云层将月亮遮挡，月在云层间穿行，便会带着一轮内侧紫蓝、外侧橙红的光环

"华"的成因在于阳光或月光透过薄云时，云中液滴发生的衍射和干涉现象。白居易曾言，"碧空溶溶月华静"，溶溶之态，正是薄云浮现的场景。往事越千年，席慕蓉同样描绘了七彩的月光："忘不了的，是你眼中的泪，映影着云间的月华。"与古人暗合的是，这位当今诗人的吟诵，也不忘在月华的周边加上一层薄云的陪衬，从而令诗句能够得到严谨的科学家的首肯。

华之成因

　　华是光线被液滴衍射后发生干涉而形成的彩环，高积云中含有大量液滴，然而"高积云常有，华不常有"，这是为何？因为华的形成条件比较苛刻，液滴大小不能超过 20 微米，而且液滴直径越小，衍射效应越明显，形成华的个头就大。一片云中不同尺度液滴的分布比例直接决定了华的形态。

　　大多数情况下，能看见从里到外，从紫蓝到橙红的华现象已经实属幸运，如果你忽然发现华的外围还有一层或两层彩环，那么恭喜你，你中头奖了！多层的华出现时要求云中的液滴大小要尽量一致，而通常情况下液滴大小参差不齐，所以多层的华非常罕见。

右图：露面宝光

下图：华的形成原理

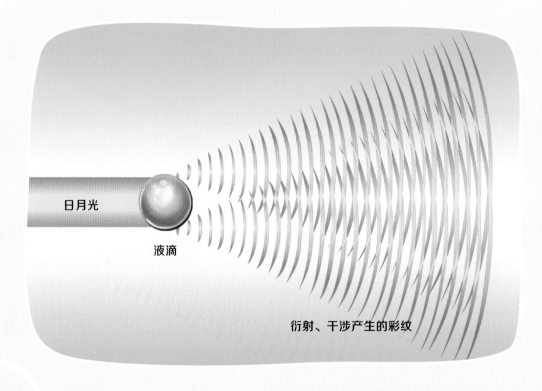

日月光

液滴

衍射、干涉产生的彩纹

大气中类似日月华的现象还有很多，比如我们耳熟能详的"宝光"。这是一种在山头看到的现象——在远处影子的周围出现七色的华彩，仿佛佛光一般。这种现象和"华"的成因类似，但发生在与华180°相反的方向，因此也称为"对华"。

即使我们不去登山，也有机会看到另一种类似"华"的现象——露面宝光。在结满露水的草地上，你会发现你的影子周围环绕着一圈白绿色的光带，这是因为草地上的露珠挂在草叶边缘，可粒粒数清。当太阳光照射在露上，会反射回光辉，如同"宝光"中云雾的作用。和宝光不同的是，露面宝光没有七彩颜色，只有白绿色光辉。

晕——
日月的"奇异服"

除了环日月而生的"华盖"，还有另一类奇妙的大气现象——晕。华是大气中液滴的干涉、衍射效应，而晕是冰晶对光的折射、反射作用。大多数晕虽没有华那般多彩，但晕现象在形态上更加奇怪，如同日月穿上了奇装异服，招摇过市。

由于积云的遮挡，地面上看到的日晕往往不完整

晕的样式——太阳的奇怪装扮

有些时候，太阳会与往常有些不一样——太阳周围围绕着很多明亮的光弧和光斑。这些圆形的白圈如同一身白袍，太阳左右的两个光斑如同两个肩章，太阳的上方还有一条笔直的光柱，仿佛法杖一般。太阳怎么了？其实这不过是一种叫作"晕"的大气现象。

当你看到太阳周围有一个大大的光圈时，不妨面朝太阳将一个胳膊抬起伸直，将手完全张开，把大拇指放在太阳正中心那个点上，如果你发现此时小拇指几乎刚好位于晕的边缘，这个光圈就是22°晕——如果我们把天空算作180°，这个晕圈到日月中心的距离大约就是22°。

在晕家族，22°晕是最普通的一个，无论太阳、月亮位于天空中的什么地方，只要天空中有薄薄的卷层云，22°晕八成就会出现。这种晕大体为宽大的白色光弧，内边沿有点红，而"华"现象是内沿蓝紫，外沿橙红，由此两者不容易弄混淆。

相对于22°晕，幻日和幻日环就不那么常见了。想看幻日就要早点起床，或者在日落之时多看看太阳。在地平线附近，太阳借助云中的冰晶施展"分身术"——在太阳两侧各出现一个光斑，称为幻日或假日。这两个光斑比真的太阳要小很多，而此时另一条

光带将两个"假太阳"和中间的真太阳串连起来，这便是幻日环。

环绕太阳的大圆圈，不光有两个小耳朵，还可能有"胡须"和"头发"，这就是切弧。它包含上下两段光弧，均与22°晕外切，分别位于22°晕的正上方与正下方，但由于我们看不到地平线下面，所以一般看到的是上边那一部分。

当太阳刚从地平线升起时，幻日和幻日环现象是最明显的，此时的上切弧非常明亮。随着太阳高度增加，幻日和幻日环逐渐变得暗弱，上切弧如同海鸥的翅膀一样逐渐向两侧摊开，而下切弧经历了先合拢后展开的过程。随后，上下切弧闭合形成一个苹果形的外接晕圈（环切弧），并逐渐从"苹果形"变成鸭蛋形。

若说天空中晕的形成，功臣有二，其一为日月提供的光辉，其二是薄而均匀的卷层云。日月光辉不必说，卷层云是何物？在对流层上方，离地面5000米以上的高空有一种云，地面上看去犹如密丝织成的绢帛。高空大气冰冷彻骨，当温度和湿度配合恰当时，就会产生出大量的简单冰晶，或呈六棱柱形，或呈六边形薄片。于是日月光辉就借着这些冰晶大造文章——光芒被云中冰晶折射或反射，便形成各种形态的光弧。

卷层云中大量的冰晶主要有两种，六棱柱和六边形薄片，就是这两种小东西决定了今天太阳或月亮究竟披挂什么样的服饰出来。

左图：幻日和幻日环

"晕"果真能充当天气预报?

日月之晕也并非十分罕见的天象，多留意下天空便有可能看到。农谚道，"日晕三更雨，月晕午时风"，说的便是此物。而徐光启的《农政全书·农事·占候》中更是将晕的形态和天气联系在一起："日生耳，主晴雨……若是长而下垂通地，则又名曰日幢，主久晴。"所谓太阳生出的"耳朵"和下垂的"日幢"，都是日晕的一种。

如今人们所说的"日珥"是太阳表面发生的物质抛射，而古代所谓的"日珥"却指的是幻日的一种形态。古人眼中，"日珥"是像耳朵一样的弧形光斑，

徐光启提到的"长而下垂通地"的日幢，说的可能就是日柱。日柱是太阳的"装扮"中唯一形状笔直的一种——当太阳位于天空低处时，有时可以看到垂直的光带，从太阳的所在位置往上或往下延伸，这就是日柱

"幻日"是圆形的光斑，而我们如今都统称为幻日。如今在民间，也有"太阳长耳朵"的说法，浙江有"日月生耳朵，不雨便是风"和"早间日珥，狂风即起；午后日珥，明日有雨"的民谚，而河北地区还把日珥的形态作了简单的归类，比如太阳的单边出现日珥，那么天就要刮风。

古代中国人认为"月晕而风"，就是月亮周围有晕出现时，不久之后就会刮风

"晕"果真能预报天气吗？大多数情况下，日月之晕伴随卷层云而生，卷层云很多时候位于暖锋前缘，在它之后便是那些裹着雨的云彩，因此不久之后便会风雨交加。在元代气象物候著作《田家五行》中提到，"月晕主风，何方有阙，即此方风来"，意思是月晕不完整，一个方向出现了缺口，而这个缺口就是风刮来的方向。这是因为这部分的卷云已经被更低的积云侵占，"坏天气"便从这个方向过来了。若在南方沿海地区看到晕，还可能是台风的征兆，因为台风体系的边缘也有卷层云存在。但也有很多情况，晕并不伴随着"锋前系统"出现，所以拿"晕"预报天气也并不十分准确。

闪
日落前的"鬼脸"

太阳会喷薄出绿色的光芒吗？在埃及金字塔中有这么一幅
6000 年前的图画。它所描绘的，可能是现实中日落时发生
的一种罕见天气现象——绿色闪光。

看到绿色闪光，你是幸运之神

1979 年 7 月 20 日，黄昏。波兰"晨星号"的水手们正在伸懒腰——天气真好啊，干完了一天的活儿，晚上可以打牌喝酒了。大家的心情好像特别舒畅，愉快地聊着天，不知不觉天色渐暗，人们脸上都被夕阳映得通红。一个船员无意中向夕阳的方向看去，然而出乎意料，他并没有看见往日那个通红的夕阳，而是看到犹如鬼火般的一团小绿光。"快看绿光！"他急忙叫其他水手一起观看，可是那些水手看到的，只是太阳落山后，

当太阳隐没于地平线的一刹那，一团"绿闪"突然出现在海平面上——摄影师只能用长焦镜头来捕捉这点珍贵的绿光，然而没有人能有百分之百的把握拍到这种现象

几束射向高远蓝天的暮光。不过，这个故事被水手们记录在了航海日志中，并一直流传下来。

日落前的绿光真的存在吗？很多人一直质疑这件事。甚至有人认为，这一小团神秘绿光，只是观看者被通红的太阳晃花了眼睛——当注视红色一段时间后，如果红色立即消失，或将视线移向别处，那么

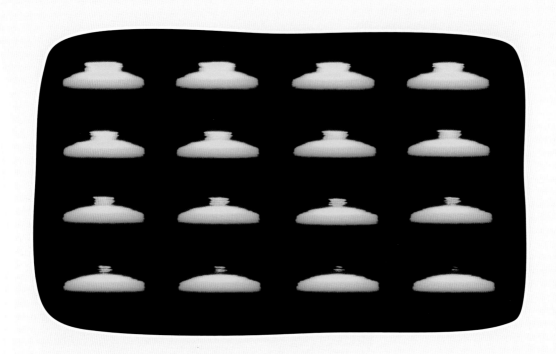

在日落前，太阳的颜色会变得缤纷绚烂，从上面的赤黄到下面的通红，如同一团跳动的火焰。而此时偶尔出现的绿闪，正犹如灶台里面那一圈蓝绿色的小火苗，突然在太阳头顶上跳跃一下便消失得无影无踪

眼睛就会看到蓝绿色的光，这种现象叫作"互补色的余像"。

这种解释听起来很合理，但当摄影师用望远镜头拍摄下这种现象后，人们才最终确认——太阳上的绿光不是错觉，它是真实存在的，只是捕捉到它的概率真是太低了。

绿闪虽稀奇，蓝闪紫闪更少见

这种神秘的绿光，人们称之为"绿闪"现象。每次绿闪持续的时间只有 1 秒左右，若想看到绿闪，除了有足够的运气外还要有足够的准备，首先要挑一

右图：从太阳而来的蓝光很多都被地球大气过滤掉，因此想看到蓝色的闪光甚至紫色闪光会更加困难，除了要求苛刻的大气条件外，还要凭借极佳的个人运气

个地势平坦的地方，比如海边或者沙漠，而且那里要非常晴朗、清澈，这会大大提高捕捉到绿闪的概率。

在埃及或者亚得里亚海岸边，人们可以三天两头地在日出或者日落时看到极为短暂的绿闪。就算不在这些地方，利用望远镜，也会发现四分之一的落日现象会伴随绿闪。

相比之下，蓝闪和紫闪现象更加稀有，需要特殊的大气条件配合才肯露面。令人费解的是，傍晚的太阳是红黄色彩唱主角，蓝绿紫这些色彩怎么有机会出场呢？

地球大气是始作俑者

曾有诗人这样形容落日时的绿闪："这是任何一位画家在调色板上绝不会得到的绿色。它既不像草木般的种种苍翠，又不是清澈大海里形形色色的碧波，真可谓绿得人间天上无一物可与之媲美。倘若天国有某种绿色，那么，千真万确地说，就是希望之神的纯绿色。"

而能调配出如此动人的颜色，完全是地球大气的功劳。在这个过程中，大气充当了两个角色：三棱镜和滤光片。作为一个巨大的"三棱镜"，大气把太阳光分散成七色，特别在接近地平线时，这种"色散效应"更加明显，也就是说太阳落山时，应该是下面主要呈现红色，上面则呈现紫色。

然而我们并未看到太阳呈现出七彩斑斓的样子，一方面由于这些颜色并不纯粹，还混合着其他颜色的光，另一方面则由于大气层本身还起着"滤光镜"的作用，在地平线附近过滤掉很多蓝紫光，因此太阳总体呈现橙红色。但当太阳隐没于地平线的瞬间，红、黄色光线迅速消失，只在这一瞬间，处于外沿的黄绿、绿、蓝、紫光才有机会出现，它们往往像顽皮的孩子一样做个"鬼脸"，便稍纵即逝。由于空气的成分不相同，大气的折射情况也不一样。绿色由于被大气阻挡得较少，出镜的机会比较多。蓝紫光被大气阻挡得多，几乎消磨殆尽，只有在空气超级纯净的时候，那点硕果仅存的蓝紫光，才有可能偶然露面。

当下落的太阳接近海面时，我们有时可以看到一个变形后如同"大力神杯"的太阳，金色的"大力神杯"下那块红色的杯座，其实就是类似绿闪的"红闪"效应

致谢

撰文（按文章先后顺序排列）：

张超 / 卷云 / 李鉴 / 李冰 / 刘杨 / 何勃亮 / 黄英 / 张海峰 / 天宁 / 王辰

供图：

1~2 全景
4 全景
6 达志
7 达志
9 全景
11 达志
13 全景
14 达志
15 全景
16 韩苏妮
17 全景
18 韩苏妮
19 全景
20 全景
21 上 达志
21 下 全景
22 全景
23 韩苏妮
24 全景
25 上 全景
25 下 全景
26 全景
27 上 全景
27 下 全景
28 全景
29 左上 达志
29 右上 Andie Gilmour at English Wikipedia [CC-BY-SA-3.0 (httpcreativecommons.orglicensesby-sa3.0)], via Wikimedia Commons
29 下 Bandworthy (Own work) [CC BY-SA 3.0 (httpscreativecommons.orglicensesby-sa3.0)], via Wikimedia Commons
30 全景

31 左上 达志
31 右上 全景
31 下 全景
32 全景
34 全景
35 达志
36 达志
37 韩苏妮
38 韩苏妮
39 上 全景
39 下 全景
40 达志
41 全景
42 全景
43 Yaping Wu (WikipediaContact usPhoto submission) [CC BY-SA 3.0 (httpscreativecommons.orglicensesby-sa3.0)], via Wikimedia Commons
44 全景
45 达志
46 达志
47 Butterfly austral (Own work) [CC BY-SA 3.0 (httpscreativecommons.orglicensesby-sa3.0)], via Wikimedia Commons
48 全景
49 全景
50 GerritR (Own work) [CC BY-SA 4.0 (httpscreativecommons.orglicensesby-sa4.0)], via Wikimedia Commons
51 达志
52 全景
53 韩苏妮
54 全景
55 韩苏妮

图书在版编目（CIP）数据

天知道答案 / 许秋汉主编；刘莹分册主编. -- 北京：北京联合出版公司, 2018.8
（博物少年百科·了不起的科学. 第3辑）
ISBN 978-7-5596-2261-7

Ⅰ. ①天… Ⅱ. ①许… ②刘… Ⅲ. ①气象学—少儿读物 Ⅳ. ①P4-49

中国版本图书馆CIP数据核字(2018)第123863号

天知道答案

丛书主编：许秋汉
本册主编：刘　莹
总 策 划：陈沂欢
策划编辑：乔　琦
特约编辑：林　凌　马莉丽
责任编辑：李　红　徐　樟
营销编辑：李　苗
图片编辑：张宏翼
装帧设计：杨　慧
制　　版：北京美光设计制版有限公司

北京联合出版公司出版
（北京市西城区德外大街83号楼9层　100088）
北京联合天畅发行公司发行
北京中科印刷有限公司印刷　新华书店经销
字数：75千字　710毫米×1000毫米　1/16　印张：8
2018年8月第1版　2018年8月第1次印刷
ISBN 978-7-5596-2261-7
定价：32.80元